塔里木超深油气钻探井控风险防控指南

主　　编：王春生
副 主 编：冯少波　张耀明

石油工业出版社

内 容 提 要

本书分析了塔里木超深油气钻探井控风险，总结了山前高压气井、台盆区碳酸盐岩储层的井控安全操作经验，详细阐述了钻井过程、完井过程、试油过程及故障处理过程中的井控风险及防控措施，对超深井油气钻探井控风险防控具有很强的实用性、指导性。

本书可供从事钻井作业的井控管理人员、技术人员、操作人员阅读参考。

图书在版编目（CIP）数据

塔里木超深油气钻探井控风险防控指南 / 王春生主编．
-- 北京：石油工业出版社，2025.2. -- ISBN 978-7
-5183-7225-6

Ⅰ．TE28

中国国家版本馆 CIP 数据核字第 20259LJ848 号

出版发行：石油工业出版社
（北京安定门外安华里 2 区 1 号　100011）
网　　址：www.petropub.com
编辑部：（010）64523760
图书营销中心：（010）64523633
经　　销：全国新华书店
印　　刷：北京中石油彩色印刷有限责任公司

2025 年 2 月第 1 版　2025 年 2 月第 1 次印刷
787×1092 毫米　开本：1/16　印张：11.5
字数：320 千字

定价：60.00 元
（如出现印装质量问题，我社图书营销中心负责调换）
版权所有，翻印必究

《塔里木超深油气钻探井控风险防控指南》
编委会

主　　编：王春生
副 主 编：冯少波　张耀明
委　　员：（按姓氏笔画排序）
　　　　　王鹏程　卢俊安　石希天　申　彪　李　宁
　　　　　刘双伟　何思龙　张　志　周　波　周　健
　　　　　段永贤　耿海龙　梁红军　章景城　董　仁

编写组

成　　员：王海涛　王孝亮　文　涛　史永哲　白文军
　　　　　包盼虎　匡生平　任自伟　刘金龙　刘学青
　　　　　许丰平　孙　志　阳君奇　杜锋辉　李卫东
　　　　　李兴亭　李建新　李前佑　杨小龙　何虎庄
　　　　　何银坤　邹　涛　邹　博　邹光贵　汪浩洋
　　　　　宋海涛　张　超　张绪亮　陈云军　陈永衡
　　　　　陈江林　陈志涛　邵长春　郑何光　查　磊
　　　　　洪英霖　夏天果　徐　强　徐代才　徐亚南
　　　　　徐国伟　郭小威　郭海清　黄文鑫　葛盛权
　　　　　蒋光强　富　强　鲍秀猛

塔里木油田位于新疆维吾尔自治区境内的塔克拉玛干沙漠中,根据中国石油天然气集团有限公司(简称中国石油)第四次资源评价结果显示,塔里木盆地油气地质资源量为石油 $75.6×10^8t$,天然气 $11.74×10^{12}m^3$,是我国陆上第三大油气田,也是西气东输的主力气源地。在 30 余年的艰苦奋斗中,面对极其恶劣的自然环境和极其复杂的地质构造,塔里木油田凝聚众心、攻坚克难,不断开拓进取、锐意创新,取得了举世瞩目的成绩。

油气资源的开采总是伴随着风险与挑战。塔里木盆地历经"整体挤压、分层变形、垂直叠置、联动递进"八期构造变形,地质构造极其复杂,加之作业区域分散、地形地貌特殊,井控安全面临巨大挑战。一旦发生井喷失控事故,其损失与后果将难以估量,如何安全高效地开采油气就是历代塔里木石油人的夙愿。

在 30 余年的井控实践中,井控经验的积累主要来自现场事故处理。塔里木油田组织各级井控专家共同探讨山前高压气井、台盆区碳酸盐岩储层的安全操作经验、专项井控技术,将专家的个人经验凝结为标准化、规范化操作指南,旨在形成一套全面、系统、可复制、可传播的防控指南。本书涵盖了浅气层风险防控、目的层中完前卡层、盐层安全钻进、钻开油气层验收、目的层钻进、完井、试油、老井侧钻、事故处理、井控装备维护保养等相关内容。本书不仅是解决现场井控疑难杂症的"良方秘药",更是快速培养新一代井控人的"武林秘籍"。

近年来,塔里木油田向着深层、超深层油藏发起挑战,井控风险形势也将日益严峻,不仅要考虑钻井期间的井控安全,也要考虑后期修井作业的井控技术储备。在油气勘探发展的新时代,面临新机遇、新挑战,本书应运而生,普及井控技术,培养井控人才,为油田安全开发解决后顾之忧。

井控工作永远在路上,望各位井控技术人员不断树牢"一切事故都是可以避免的"和"防范胜于救灾"的理念,不断总结经验,久久为功,确保井控万无一失。

塔里木盆地是我国陆上油气增储上产潜力最大的盆地之一，勘探开发潜力巨大。但因盆地历经"整体挤压、分层变形、垂直叠置、联动递进"八期构造变形，地质构造极其复杂。

库车山前区域浅气层活跃，古近系、新近系盐层分布广、埋藏深、厚度大，盐间高压盐水层分布无规律、压力系数差异大，储层地质条件复杂。台盆区碳酸盐岩区块储集体类型多，油气藏类型复杂，部分区块非目的层发育高压水（气）层，目的层压力系数差异大，异常高压分布无规律，普遍含硫化氢。加之作业区域分散、地形地貌特殊，井控安全面临巨大挑战。

塔里木石油会战30余年来，塔里木油田各级井控专家积累了大量针对山前高压气井、台盆区碳酸盐岩储层的安全操作经验及专项井控技术，但缺乏系统性总结。为形成可复制、可推广、可传承的井控操作指导现场作业，提升现场关键岗位人员的井控操作技能，塔里木油田组织各级井控专家细分关键作业工序，系统识别潜在的井控风险，收集成熟的风险消减控制措施，将制度标准要求、专家经验总结、现场有效做法细化固化，最终形成本书。

本书针对性总结了山前高压气井、台盆区碳酸盐岩储层关键工序井控安全操作的宝贵经验。全书分为六章，第一章简要概述了塔里木盆地地质特征、油田面临的井控风险、井控工艺与井控装备配套等基本情况，第二章至第六章分别总结了库车山前和台盆区碳酸盐岩储层钻井过程中井控风险及防控措施、完井过程中井控风险及防控措施、试油过程中井控风险及防控措施、故障处置过程中井控风险及防控措施和井控装备安装检查及故障处置等内容。

本书由中国石油天然气集团有限公司超深层复杂油气藏勘探开发技术研发中心、新疆维吾尔自治区超深层复杂油气藏勘探开发工程研究中心、新疆超深油气重点实验室、中国石油塔里木油田公司组织编写。在编写过程中得到了塔里木油田领导的高度重视，工程技术部、油气工艺研究院、勘探事业部、油气田产能建设事业部、监督中心、应急中心的领导、专家给予了大量的支持，在此表示感谢！

笔者水平有限，书中如有不妥之处，敬请广大读者予以指正。

目录 CONTENTS

第一章 概述 ··· 1
　第一节 塔里木盆地工程地质特征与井控风险 ··· 1
　第二节 塔里木油田超深井井控工艺与装备 ··· 12
第二章 钻井过程中井控风险及防控措施 ··· 19
　第一节 山前高压气井表层钻进浅气层风险防控 ··································· 19
　第二节 库车山前盐层作业井控风险与防控措施 ··································· 22
　第三节 钻开油气层验收环节井控风险与防控措施 ································· 34
　第四节 山前高压气井目的层钻进井控风险与防控措施 ··························· 40
　第五节 台盆区目的层中完前卡层井控风险与防控措施 ··························· 44
　第六节 台盆区碳酸盐岩目的层钻进井控风险与防控措施 ························ 46
　第七节 山前高压气井老井侧钻井控风险与防控措施 ······························ 61
　第八节 台盆区碳酸盐岩井老井侧钻井控风险与防控措施 ························ 68
第三章 完井过程中井控风险及防控措施 ··· 78
　第一节 山前高压气井完井作业井控风险与防控措施 ······························ 78
　第二节 台盆区碳酸盐岩井完井作业井控风险与防控措施 ························ 89
第四章 试油过程中井控风险及防控措施 ··· 101
　第一节 山前高压气井试油作业井控风险与防控措施 ···························· 101
　第二节 台盆区碳酸盐岩井试油作业井控风险与防控措施 ······················ 111
　第三节 试油可能遭遇的影响井控安全意外情况及应对措施 ··················· 119
第五章 油气层事故处理井控风险及防控措施 ···································· 122
　第一节 下管柱打捞井控风险与防控措施 ·· 122
　第二节 泡酸（解卡剂）井控风险与防控措施 ····································· 125
　第三节 爆炸松扣井控风险与防控措施 ··· 126
　第四节 钻磨封隔器井控风险与防控措施 ·· 127
第六章 井控装备安装检查及故障处置 ··· 129
　第一节 井口居中 ·· 129

第二节	导管、表层套管割高	131
第三节	表层套管头安装要求	133
第四节	井控装备巡检路线及要求	134
第五节	常用井控装备操作要点	138
第六节	井控装备常见故障处置与预防措施	164

参考文献 ······ 174

第一章 概　　述

塔里木盆地位于新疆维吾尔自治区南部，形似菱形，面积约 $56×10^4km^2$，是我国最大的内陆盆地。盆地界于天山和昆仑山之间，东南侧为阿尔金山，东北侧为库鲁克塔山，西北侧为柯坪塔格山。盆地中心是浩瀚的塔克拉玛干沙漠，面积达 $33.7×10^4km^2$，周缘是一系列大型冲积扇和洪积平原，其上分布着绿洲。塔里木盆地是受塔里木板块构造活动控制的长期发育的大型叠合盆地，分为"三隆四坳"七个基本构造单元，经历了长期的地质发展历史，展现出错综复杂的地层特征：地层发育全，层系多，厚度大；地层类型繁多，不同类型的地层发育了不同的岩性、岩相和生物群；同类地层的展布因复杂的构造形变和断裂位移而屡遭破坏。典型的库车山前高压气井和台盆区碳酸盐岩油藏就分别有不同的工程地质特征和井控风险。盆地油气资源十分丰富，经过勘探实践和研究，形成了两点基本认识：一是塔里木盆地油气资源极其丰富；二是油气地质条件极其复杂。

1989 年 4 月，按照党中央、国务院关于陆上石油工业"稳定东部、发展西部"的战略部署，成立塔里木石油勘探开发指挥部进行大规模石油会战，开启了塔里木盆地油气勘探开发。在勘探开发过程中，伴随着世界级的井控难题。由于勘探开发前期对井控认识不足，同时缺乏相应的井控管理机制和配套技术，以致连续发生多起井喷事故。根据统计，1990—2005 年，塔里木油田共发生井喷失控事故 14 井次，经过塔里木油田井控技术、井控管理的不断改进提升，实现了 2006—2017 年连续 12 年未发生井喷事故。但 2018 年和 2020 年，相继发生了"TZ726-2X"和"博孜 3-1X"两起重大井控险情，给安全高效开发带来了严重的不良影响。

历年发生的 16 起井喷及重大井控险情警示我们，井喷失控始终是塔里木油田勘探开发过程中的重大风险隐患，抓好井控工作始终是塔里木油田安全高效勘探开发的重要保障。

第一节　塔里木盆地工程地质特征与井控风险

塔里木油田主要在塔里木盆地从事油气勘探、开发、新能源业务，作业区域遍及南疆五地州。塔里木盆地油气资源量当量达 $178×10^8t$（石油 $75×10^8t$、天然气 $13×10^{12}m^3$），目前已探明石油储量 $14.96×10^8t$、天然气 $2.53×10^{12}m^3$，整体仍处于勘探开发中早期，勘探开发前景十分广阔。

塔里木盆地是受塔里木板块构造活动控制的长期发育的大型叠合盆地，根据地震解释、高精度重磁电成果、地面露头和钻井地质资料的最新研究，将塔里木盆地分为"三隆四坳"七个基本构造单元。"三隆"即塔北隆起、中央隆起、东南隆起，"四坳"即库车坳陷、北部坳陷、西南坳陷和东南坳陷（图 1-1）。

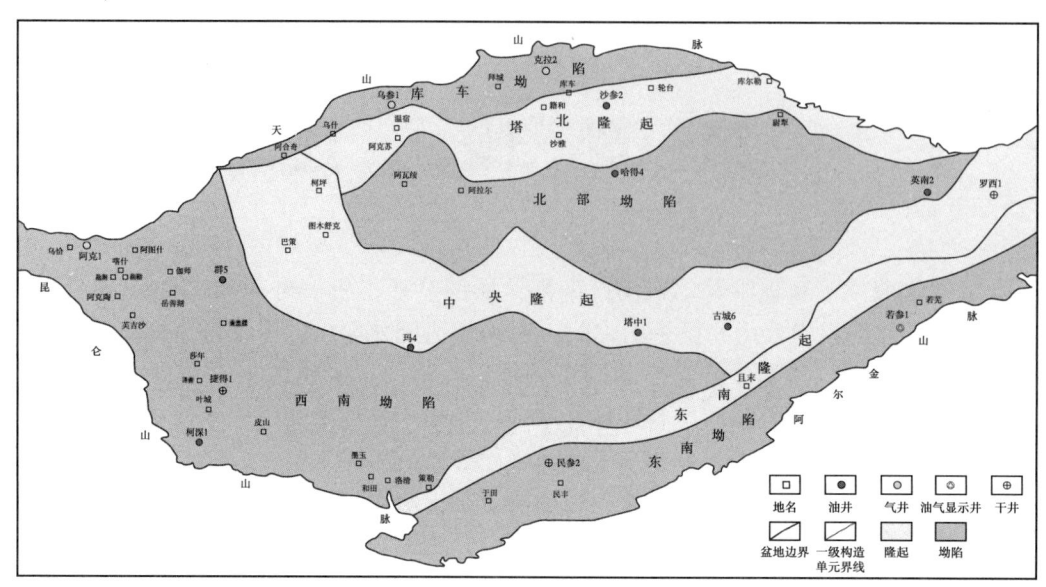

图 1-1 塔里木盆地构造单元划分图

塔里木盆地是陆上超深油气勘探的重点区域，根据预测，埋深超 6000m 石油资源占全国 83.2%、天然气资源占全国 63.9%。塔里木油田储层埋藏普遍超深，"十三五"前，油田以深度为 6000m 左右井为主。2021 年以后 8000m 左右井逐步增多。目前平均井深已超 7000m。据统计，截至 2024 年 6 月，国内共完成 8000m 以深井 282 口，其中塔里木油田完成 168 口，占比 59.6%。塔里木超深井钻井面临超深、超高温、超高压、地层复杂多样、富含硫化氢等酸性气体等难题，世界公认的钻完井 13 项难度指标中，塔里木油田有 7 项名列第一，相应的井控风险也是世界级难题。

一、工程地质概况

塔里木盆地历经"整体挤压、分层变形、垂直叠置、联动递进"八期构造变形，地质构造极其复杂，整体呈"三超、一高"的特点：超深，最深钻井深度超过 10000m；超高温，最高井下温度 190℃；超高压，最高地层压力 171MPa；高含硫化氢，最高硫化氢含量达 $41×10^4$ppm。加之作业区域分散，遍布南疆四地州，地形地貌包含戈壁沙漠、山地河流等特殊类型，井控安全面临巨大挑战。

多年的勘探实践证明塔里木盆地自下而上发育了多套含油气层系，具备丰富的油气资源，但地下工程地质条件异常复杂，概括来讲，总体有"一深、一陡、一窄、两低、两厚、两难"的特征。

"一深"指井深普遍在 6000m 以上，最深超过 10000m。"一陡"指地层呈现高陡构造特点，最大地层倾角达 87°。"一窄"指在油气层段呈现典型的窄压力窗口特点，压力窗口只有 0.01~0.02g/cm³。"两低"指油气储层呈现低孔隙度（4%~8%）、低渗透率（0.01~0.1mD）的特点。"两厚"指上部地层发育有巨厚砾石层，最厚达到 5833m；油气层上发育有巨厚复合盐膏层，最厚盐膏层达到 5969m。"两难"指盐间高压盐水压力高，依靠传统的高密度钻井液平衡地层压力非常困难，高压盐水处置难；盐底岩性变化大、复合层多，地层由于断裂、重叠出现重复、缺失等现象，使盐底精准卡层困难。

这些地质特征，叠加表现为地质"五特"现象，导致塔里木超深井勘探开发过程中面临着世界级工程难题和世界级井控风险（图1-2）。

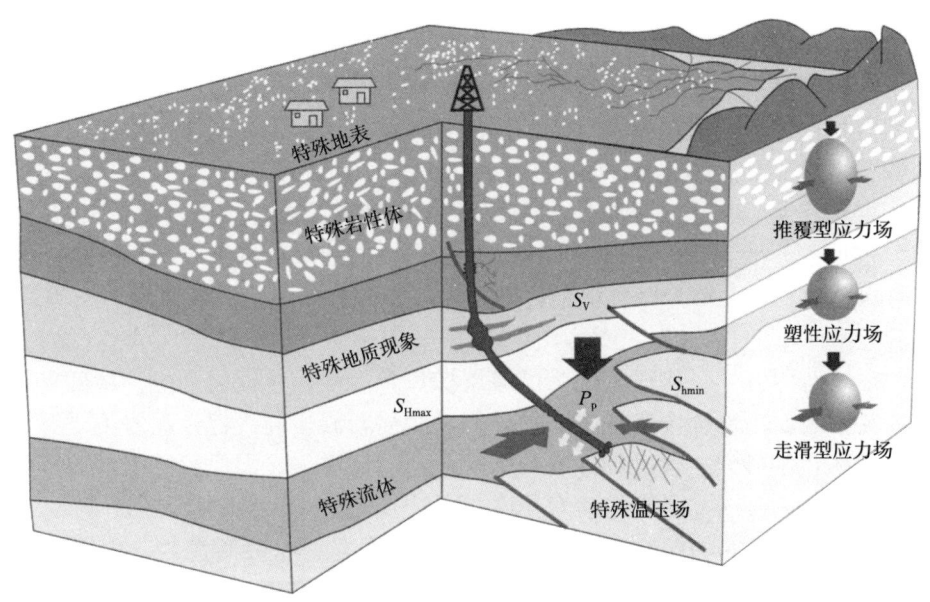

图1-2 "五特"井控风险模式图

特殊地表：塔里木勘探区域地表包含沙漠、戈壁、山地、沟、水源、民居、矿场、管道、古迹、保护区等多种类型，对井控带来多重影响。

特殊岩性体：地下岩性体包含砾、盐、煤、火成岩、变质岩、碳酸盐岩夹层、欠压实泥岩等多种形态，在同一裸眼段中存在多种岩性体。

特殊地质现象：同一地层中，既有断层，又有裂缝带、洞穴，还存在地层缺失或重复等地层现象。

特殊流体：塔里木超深井地层中，不同区块含有H_2S、CO_2、非目的层油气、浅层气、高压盐水等多种特殊流体，对井控安全带来严重威胁。

特殊温压场：塔里木超深井钻井过程中，由井深造成井筒存在高温，或多套地层中存在高压地层、定容缝洞体等影响井控安全的特殊温压场。同时，由于同一区域、层系、储层油气开发，导致新钻井筒会出现异常低压、异常高压等压力异常现象等。

具体到不同的区块，对应不同的岩性特征、不同的流体、不同的温压场，又呈现出不同的井控风险特点，需要采取不同的防控措施。

二、库车山前工程地质概况及井控风险

1. 库车山前构造带地质概况

库车山前构造带是塔里木油田的主力产气区，位于塔里木盆地北部，夹于南天山造山带和塔北隆起之间，西起温宿、东至库尔楚，长约450km。库车山前构造带所处坳陷经历

了多次构造运动，特别是白垩纪的燕山运动和古近纪的喜马拉雅运动对其影响巨大，形成了天山山前大型逆冲褶皱带，以及逆冲裙带内一系列的逆冲断层、表层构造、浅层构造和深层构造，致使坳陷内地层十分复杂，海拔高度为2000~3000m，总体上呈北高南低之势。

库车坳陷分为近东西向展布的四排构造带和三个凹陷。四排构造带自北向南分别为北部单斜鼻状构造带、直线背斜构造带、秋里塔格弧形褶皱构造带和南部平缓背斜构造带；三个凹陷由东向西依次是阳霞凹陷、拜城凹陷和乌什凹陷。

库车山前地区勘探开发区域主要有克拉苏—依齐克里克构造带、秋里塔格构造带、拜城凹陷、阳霞构造带，局部发育浅气层，普遍发育盐水层，主要开发层位为白垩系巴什基奇克组、侏罗系，属高温高压井。

库车山前构造带，从上至下依次钻遇层系为第四系西域组，新近系库车组、康村组、吉迪克组，古近系苏维依组、库姆格列木群，白垩系巴什基奇克组、巴西改组，见表1-1。

（1）第四系（Q）：主要为厚层状杂色砂砾岩、中砾岩、厚层浅黄色泥岩不等厚互层。

（2）新近系库车组（N_2k）：上段为中—厚层杂色小砾岩、泥砾岩、含砾砂岩、细砂岩与浅黄色泥岩不等厚互层；中段上部为巨厚层棕黄色、浅棕色泥岩为主，局部夹中厚层粉砂岩、泥质粉砂岩，下部为浅灰色灰质粉砂岩、泥质粉砂岩与浅棕色泥岩不等厚互层；下段为中厚层浅灰色细砂岩、含砾细砂岩与棕褐色粉砂质泥岩、泥质粉砂岩不等厚互层；底部为一套细砂岩、粉砂岩、含砾粉砂岩互层。

（3）康村组（$N_{1-2}k$）：上段岩性为薄—中厚层状泥岩、粉砂质泥岩、中厚层状含砾泥岩与薄—中厚层状泥质粉砂岩、粉砂岩不等厚互层；下段为薄—中厚层状泥岩、粉砂质泥岩与薄—中厚层状泥质粉砂岩、粉砂岩不等厚—略等厚互层。

（4）吉迪克组（N_1j）：上段为灰色、棕褐色砂砾岩、含砾细砂岩、粗砂岩与粉砂岩、粉砂质泥岩、泥岩不等厚互层；下段以厚—巨厚层棕褐色泥岩为主，局部夹薄—中厚层棕褐色细砂岩、褐灰色泥质粉砂岩、粉砂岩，底部为一套含砾细砂岩、粉砂岩。

（5）古近系苏维依组（$E_{2-3}s$）：上段为厚—巨厚层状棕褐色、棕色泥岩夹薄层状浅灰、褐灰色泥质粉砂岩、粉砂岩；下段为厚层状褐色泥岩、含膏泥岩夹薄层状灰褐色膏质泥岩、粉砂岩、泥质粉砂岩、粉砂岩质泥岩。

（6）库姆格列木群（$E_{1-2}km$）：从上至下细分为五个岩性段。

①泥岩段（$E_{1-2}km^1$）：以厚层褐色泥岩、含膏泥岩、膏质泥岩不等厚互层为主。

②膏盐岩段（$E_{1-2}km^2$）：以厚层状白色盐岩为主，夹褐色盐质泥岩、膏质泥岩、泥岩、泥膏岩。该段地层由于膏盐岩的塑性流动，横向变化不规律、厚度变化大，平面上分布广泛，是优质的区域性盖层。

③白云岩段（$E_{1-2}km^3$）：主要为灰色泥晶云岩、生屑云岩、亮晶砂屑云岩为主。白云岩段是本井目的层之一，为地层对比划分的标准层，其岩性特殊、分布广、厚度稳定，电性上易于识别。

④膏泥岩段（$E_{1-2}km^4$）：上部以石膏岩、泥膏岩、盐岩、泥质盐岩为主，夹泥岩；下部为灰褐色层状含膏泥岩、膏质泥岩、泥岩互层，局部夹薄层泥质粉砂岩、粉砂岩和盐岩条带。

⑤砂砾岩段（$E_{1-2}km^5$）：岩性为中—厚层状灰褐色含膏粉砂岩、细砂岩与褐色泥岩互层，底部有一套灰色砂砾岩。

⑥古近系与下伏白垩系呈不整合接触，岩性、电性界限清楚。

（7）下白垩统巴什基奇克组（K_1bs）：从上至下细分为三个岩性段，第二岩性段和第三岩性段较稳定，岩性和厚度变化不大，第一岩性段遭受不同程度的剥蚀，自东向西、由北向南都有变薄的趋势。

①第一岩性段（K_1bs^1）：以褐色、棕褐色中—巨厚层状细砂岩为主，局部夹薄层、中厚层状褐色泥岩。

②第二岩性段（K_1bs^2）：以厚—巨厚层状棕褐、灰褐色细砂岩、粉砂岩为主，薄层泥岩夹层增多，表现在自然伽马上比第一岩性段泥岩夹层值更高。

③第三岩性段（K_1bs^3）：为棕红、浅棕色厚—巨厚层细砂岩、中砂岩为主夹薄层褐色含砾砂岩、泥质粉砂岩、粉砂岩及少量泥岩，底部为一套杂色砂砾岩。

（8）巴西改组（K_1bx）：岩性为褐色泥岩夹薄层泥质粉砂岩、粉砂质泥岩。

（9）舒善河组（K_1s）：以厚层状红褐色泥岩为主，夹粉砂质泥岩、泥质粉砂岩。

（10）亚格列木组（K_1y）：以厚层状褐色砾岩为主，夹红褐色砂岩、泥岩。

表 1-1 库车山前地质分层表

地层				岩性简述
系	组（群）	段	代号	
	第四系		Q	以中厚—巨厚层状小砾岩及细砾岩、中厚—厚层状砂砾岩为主，夹中厚层状泥岩、泥质粉砂岩、细砂岩
新近系	库车组		N_2k	以中—厚层杂色小砾岩、中砾岩、砂砾岩为主，夹褐色泥岩、泥质粉砂岩、粉砂岩
	康村组		$N_{1-2}k$	以含砾细砂岩、含砾中砂、砂砾岩、小砾岩不等厚互层为主，夹泥岩、灰质泥岩、泥质粉砂岩
	吉迪克组		N_1j	以灰质粉砂岩、粉砂质泥岩、呈不等厚互层泥岩为主，夹泥质粉砂岩、灰质泥岩
古近系	苏维依组		$E_{2-3}s$	以中厚层泥岩、含膏泥岩、膏质泥岩为主，夹灰质泥岩、泥质粉砂岩
	库姆格列木群	上泥岩段	$E_{1-2}km^1$	以厚层状灰色、褐色泥岩、含膏泥岩为主，夹褐灰色膏质泥岩
		盐岩段	$E_{1-2}km^2$	以巨厚层白色纯盐岩为主，夹中—厚层褐色泥岩、盐质泥岩
		中泥岩段	$E_{1-2}km^3$	以灰褐色泥岩、盐质泥岩、膏质泥岩为主，夹薄层泥质泥岩、泥灰岩
		膏盐岩段	$E_{1-2}km^4$	以厚层灰白色石膏岩、泥膏岩为主，夹泥岩、含膏泥岩、盐质泥岩
		下泥岩段	$E_{1-2}km^5$	以膏质泥岩、泥岩、泥质盐岩为主，夹泥质粉砂岩
白垩系	巴什基奇克组	第二段	K_1bs^2	以厚—巨厚层状棕褐、灰褐色细砂岩、粉砂岩为主，夹薄层褐色泥质粉砂岩
		第三段	K_1bs^3	
	巴西改组	第一段	K_1bx^1	薄—中厚层状红褐色泥岩与中厚层褐灰色粉砂岩、泥质粉砂岩呈等厚—略等厚互层
		第二段	K_1bx^2	
	舒善河组		K_1s	以厚层状红褐色泥岩为主，夹粉砂质泥岩、泥质粉砂岩
	亚格列木组		K_1y	以厚层状褐色砾岩为主，夹红褐色砂岩、泥岩

2. 库车山前井控风险与技术挑战

库车山前是主力天然气生产区，目的层地层压力高、产能高，地层压力超过 140MPa，

单井产量最高超过 $300×10^4m^3/d$。目的层是又漏又溢的裂缝性砂岩储层。同时，同一裸眼段中的新近系吉迪克组可能存在高压盐水，古近系苏维依组下部砂泥岩互层承压能力较低，压稳防漏矛盾突出。古近系库姆格列木群普遍发育有巨厚复合盐膏层，最厚盐膏层达到 5969m，盐膏层内存在高压盐水，最高地层压力系数可达 2.6。且盐岩易蠕变，安全起下钻难度大，钻井液密度高；在钻进过程中，高压盐水与低压层共存，漏失风险高，易发生漏转溢。白垩系目的层裂缝发育，油气活跃，漏失及溢流风险高。故库车山前高压气井井控风险极高。

（1）油气藏特征。

库车山前克拉苏构造带白垩系巴什基奇克组和巴西改组储层在区域上广泛分布，是该区主力储层，分别属于辫状河三角洲前缘、扇三角洲前缘、辫状河三角洲前缘沉积。白垩系巴什基奇克组以岩屑长石砂岩为主，少量长石岩屑砂岩，巴西改组储层以长石岩屑砂岩和岩屑砂岩为主。储层整体具有特低孔隙度、特低渗透率特征，储层段发育高角度裂缝和垂直缝且非均质性强。

大多数气藏为被断层复杂化边水层状断背斜型常温超高压凝析气藏。天然气具有甲烷含量高、非烃气体（N_2、CO_2）含量低、酸性气体含量低的特点，个别井含有少量 H_2S（含量分布在 0.0001%~0.0029%）；原油具有密度低、黏度低、含蜡变化大的特点，地层水为 $CaCl_2$ 型，总矿化度值高。

以克深区块为例，原始地层压力 99.53~136.53MPa、压力系数 1.64~1.84，温度 147.94~184.45℃，属于常温高压—超高压气藏。天然气的甲烷含量高，非烃气体（N_2、CO_2）含量低，酸性气体含量低，不含硫化氢；地层水为 $CaCl_2$ 型，总矿化度（14.7~22.4）$×10^4mg/L$。

储层地质条件复杂、埋藏深，井深超过 8000m。储层具有高温、高压、高产的特点。井底温度 100~180℃，压力一般超过 70MPa，日产气（10~400）$×10^4m^3$。克深 9、克深 13 区块地层压力超过 110MPa，其中典型的克深 131 井地层压力为 136MPa，井口压力大于 105MPa，井底温度达 187℃。目的层普遍裂缝发育，易漏失。

（2）工程与井控风险。

特殊地表：库车山前地表多为戈壁滩或山间冲沟，部分井周围有河流、水库、防洪坝、水渠、道路、井场、生产场站、生活区、电力线、集输管线、牧羊房、村落、民居、古迹、风景区等地面环境敏感点，对井场布局、井控应急抢险有一定影响。

特殊温压场：库车山前一般原始地层孔隙压力系数自新近系康村组开始升高为高压，至库姆格列木群盐岩段升至异常高压最高点，进入白垩系地层压力系数稍有下降。由于井筒中存在多套压力系统，对井身结构、钻井液密度等都带来挑战。

特殊岩性：库车山前普遍发育盐岩、泥膏岩、石膏岩。古近系库姆格列木群发育盐岩段地层，岩性为中厚层—厚层状白色盐岩、膏盐岩、泥质盐岩与中厚层—厚层褐色盐质泥岩、泥岩不等厚互层，局部夹中厚层—厚层状灰白色石膏岩、泥膏岩；发育膏盐岩段地层，岩性以中厚层状灰白色石膏岩、泥膏岩为主，夹薄层状白色盐岩、灰色泥质云岩、云质泥岩、含膏泥岩、泥岩。该层段盐岩蠕变性强、发育高压盐水，地层压力高，有井漏、溢流、卡钻等风险。

库车山前古近系库姆格列木群还普遍发育一套或多套白云岩，白云岩段可能发育有裂缝，钻井过程中具有井漏、溢流等风险。

特殊地质体：该区块中浅部可能钻遇断层，导致地层重复，白垩系目的层为异常高压系统且裂缝发育，因此有钻遇浅层气的井控风险。

特殊流体提示：该区盐上地层见不同程度的气测显示，存在浅层气，克拉、克深、大北等区域浅气层活跃，埋深一般小于1500m，钻井过程中需要加强监测，做好浅层防溢等井控风险防范工作。

新近系、古近系盐层分布广、埋藏深、厚度大，盐间高压盐水层分布无规律、压力系数差异大，预测困难，同时盐间发育低压层，极易发生卡钻、井漏、溢流、井喷等复杂工程事故。

库车山前高压气井的主要井控风险表现为：

①浅气层埋藏浅、难控制，易引发井喷着火。

②盐层普遍发育高压盐水层（压力系数2.15~2.58），易出现溢漏同存，导致复合盐层压稳困难。

③库车山前目的层气藏埋藏深，压力系数差异大，钻井液密度选择困难；安全密度窗口窄，易漏失，井控风险大；发生溢流后，高压油气层控制难度大。

④完井试油周期普遍较长、施工工艺多、作业工序转换频繁，井控风险大。

⑤超深井钻井周期长、地层压力高、产气量高，易造成套管破损、套管头密封失效等井屏障失效，从而带来井控风险。

案例1：大北202井高关井压力井控案例。2009年6月27日大北202井钻遇裂缝发育储层，起钻作业时溢流，节流循环时，现场工程技术人员缺乏高压高产气井压井知识，对喷漏同存溢流压井复杂性认识不足，错误指挥，节流时放出约95m³钻井液，导致关井套压66MPa。

三、台盆区碳酸盐岩油藏工程地质概况及井控风险

1. 台盆区碳酸盐岩油藏工程地质概况

塔里木盆地寒武—奥陶系碳酸盐岩油气资源量占塔里木盆地油气资源总量的38%，碳酸盐岩油气勘探已成为塔里木油田勘探的主战场。以典型的奥陶系碳酸盐岩油气塔中区块为例，其地层自上而下为新生界，中生界白垩系、三叠系，古生界二叠系、石炭系、志留系和奥陶系，缺失中生界侏罗系、古生界泥盆系、古生界中奥陶统，见表1-2。

从地层岩性上分析，在二叠系以上地层主要以砂泥岩为主，二叠系存在火成岩，石炭系—志留系以砂泥岩为主，奥陶系桑塔木组是大段泥岩，良里塔格和鹰山组以灰岩为主。

表1-2 碳酸盐岩油藏地质分层表

地层				岩性描述
界	系	统	组/段	代号	
新生界	第四系			Q	厚层灰黄色中—细砂层夹黄色黏土，未胶结成岩
	新近系			N	黄灰色泥岩、粉砂质泥岩与灰黄色粉砂岩互层
	古近系			E	上部为褐红色薄—中厚层状泥岩、膏质泥岩与浅灰色泥质粉砂岩呈等厚互层；中部为中—厚层状砂岩与泥岩呈略等厚互层；下部为褐灰色中厚层状砂岩与浅红色泥岩、膏质泥岩呈等厚互层；底部为浅褐灰色中—厚层状粗砂岩

续表

界	系	统	组/段	代号	岩性描述
中生界	白垩系			K	上部为中厚层状细砂岩与泥岩略等厚互层；中部为薄—中厚层状砂岩夹薄—中厚层状泥岩、粉砂质泥岩；下部为泥岩、粉砂质泥岩与中厚层状粉砂岩、泥质粉砂岩不等厚互层；底部为含砾细砂岩、砾状砂岩及细砂岩夹中厚层状泥岩
	侏罗系			J	厚—巨厚层状砾状砂岩、含砾细砂岩、细砂岩、粉砂岩夹厚层状泥岩、粉砂质泥岩，上部夹两层煤层
	三叠系			T	自下而上表现为三段韵律沉积特征，上段上部为巨厚层泥岩、粉砂泥岩夹粉砂质粉砂岩、粉砂岩，下部为中厚层状粉砂岩夹泥岩；中段为深灰色泥岩夹细砂岩、泥质砂岩；下段为褐红色砂岩与同色泥岩略等厚互层
	二叠系			P	凝灰岩、英安岩、玄武岩、泥岩、粉砂岩、细砂岩
古生界	石炭系			C	砂岩、泥岩、砂砾岩、泥晶灰岩
	泥盆系			D	褐色粉砂岩、夹粉砂质泥岩
	志留系			S	褐色粉砂质泥岩、泥质粉砂岩夹薄层细砂岩与泥岩
	奥陶系	上统	桑塔木组	O_3s	灰质泥岩与含泥灰岩互层
			良里塔格组	O_3l	泥晶灰岩、砂屑灰岩、藻黏结岩、瘤状灰岩、砂砾屑灰岩、
			吐木休克组	O_3t	褐灰泥晶灰岩、褐色泥晶灰岩、含泥灰岩互层
		中统	一间房组	O_2y	砂砾屑灰岩、瓶筐障积岩、鲕粒灰岩
		中下统	鹰山组	$O_{1-2}y$	上部中厚—巨厚层状灰岩、中厚层泥质灰岩夹中厚层状灰质泥岩；下部中厚—巨厚层状灰岩、含云灰岩为主，局部夹中厚层状泥质灰岩
		下统	蓬莱坝组	O_1p	以中厚层状粉晶白云岩为主，夹中厚层状泥质云岩，顶部见厚层含云灰岩及云质灰岩
	寒武系	上统	下丘里塔格组	ϵ_3xq	顶部为灰色硅质粉晶白云岩；中部为巨厚层状深灰色细晶白云岩夹浅灰色含泥灰岩；下部为细晶白云岩夹鲕粒白云岩、藻云岩
		中统	阿瓦塔格组	ϵ_2a	上部灰色泥质白云岩夹褐色白云质泥岩，下部褐色白云质泥岩夹灰色泥质白云岩
			沙依里克组	ϵ_2s	上部褐灰色含泥灰岩，下部泥质膏岩、灰质泥岩互层
		下统	吾松格尔组	ϵ_1w	灰褐色泥质白云岩、含泥白云岩
			肖尔布拉克组	ϵ_1x	上部为浅灰—灰色颗粒白云岩；下部以深灰色泥晶-粉晶白云岩为主
			玉尔吐斯组	ϵ_1y	顶部为灰色含泥灰岩夹泥岩，底部为黑色泥岩
元古界	震旦系		奇格布拉克组	Z_2q	上部浅红灰色风化壳岩溶角砾白云岩，中部为灰色藻白云岩，底部为砂泥岩与颗粒云岩互层
			苏盖特布拉克组	Z_2s	褐色泥岩、灰色泥岩、粉砂质泥岩互层
风险提示	（1）二叠系火成岩发育，漏失压力低，堵漏困难，固井漏失风险高，反挤补救后易形成空套管； （2）志留系易漏层与铁热克阿瓦提组、桑塔木组高压盐水层共存，密度窗口窄，固井漏失风险高				

2. 台盆区奥陶系碳酸盐岩油藏井控风险与技术挑战

（1）油气藏特征。

塔里木油田碳酸盐岩储层既有灰岩也有白云岩。灰岩主要集中在台盆区塔中和塔北区块，目的层主要为良里塔格、一间房组、鹰山组、蓬莱坝组。白云岩主要分布于轮南、塔中、塔西南、英东等区块，目的层主要为肖尔布拉克组。台盆区碳酸盐岩储层的地质特点是：

①储集体类型多，主要有洞穴型、孔洞型、裂缝型、裂缝—孔洞型等4种类型。油气藏类型复杂，主要有油藏、凝析油藏、气藏等。

②目的层压力系数差异大，异常高压分布无规律，预测难。中古70鹰四段压力系数1.87，地层压力137MPa；ZG113-6井鹰二段压力系数1.77，地层压力126MPa。

案例2：中古70钻遇异常高压案例。2018年3月31日，中古70井在奥陶系用1.43g/cm³的钻井液钻进至井深7414m时遭遇异常高压，关井套压51MPa。设计提示奥陶系目的层地层孔隙压力系数约1.17，实际钻遇的地层压力系数达到2.0以上。

由于奥陶系灰岩的非均质性，钻井生产中往往会发生钻遇异常压力事件，如中古113-6，富源102等井。

③部分区块非目的层发育高压水（气）层。桑塔木断裂带、轮古东区块的石炭系卡拉沙依组砂泥岩段，发育高压气（气水）层；哈得23、玉科、跃满西、热普等区块的桑塔木组、铁热克阿瓦提组发育高压盐水层；牙哈区块新近系库车组底部至吉迪克组存在多套高压低渗盐水层。

④普遍含硫化氢，但平面分布差异大。塔中硫化氢分布横向上由东向西硫化氢含量逐渐增加，II区含量最高，中古5—中古7井区硫化氢含量高达$85×10^4$mg/m³；塔北隆起硫化氢分布整体呈东北部高，西南部底的特点，最高163999mg/m³，平均10849mg/m³。

案例3：中古433-H2井钻具氢脆事故。2015年5月27日中古433-H2井溢流压井完，静止观察时，发生钻具氢脆事故，造成4558m钻具落井。主要原因是该井前期作业时，井口多次监测到硫化氢，浓度达到78ppm，在压井时套压达到48MPa，钻具长时间处于高压硫化氢环境，导致钻具氢脆事故。

案例4：金跃402井试采时钻具氢脆事故。2014年6月27日金跃402井开始套管试采作业，7月2日分离器取样口监测到硫化氢5~15ppm，7月3日井内4inS135钻杆发生钻具氢脆，井口钻具上顶，水眼失控，打开两侧放喷通道，关闭全封闸板，水眼喷势减小后关闭下旋塞，井口处于可控。该事故主要原因是对低浓度硫化氢对非抗硫钻具的腐蚀氢脆破坏认识不足。

以富满油田为例，奥陶系碳酸盐岩油藏是受断裂和岩溶储层共同控制的碳酸盐岩缝洞型油藏。油田紧邻满加尔凹陷生烃中心，是油气长期运移的指向区和聚集区，奥陶系整体含油，油气富集与油水分布受构造控制不明显，大型走滑断裂对油气富集具有明显的控制作用，走滑断裂断至寒武系，是重要的油源断裂，I级、II级断裂附近岩溶储层发育、缝洞连通性好，油气充注强度大，油气沿断裂带整体富集（图1-3）。

富满油田奥陶系碳酸盐岩油藏中部地层压力为69.533~91.56MPa，油藏中部地层温度为143.72~161.61℃。同时受多期充注及TSR作用影响，富满油田普遍含硫化氢，向南逐渐过渡到凝析气藏，伴随着气油比升高，硫化氢含量呈正相关升高，富满油田奥陶系油藏硫化氢含量普遍分布在0~0.418%（图1-4）。

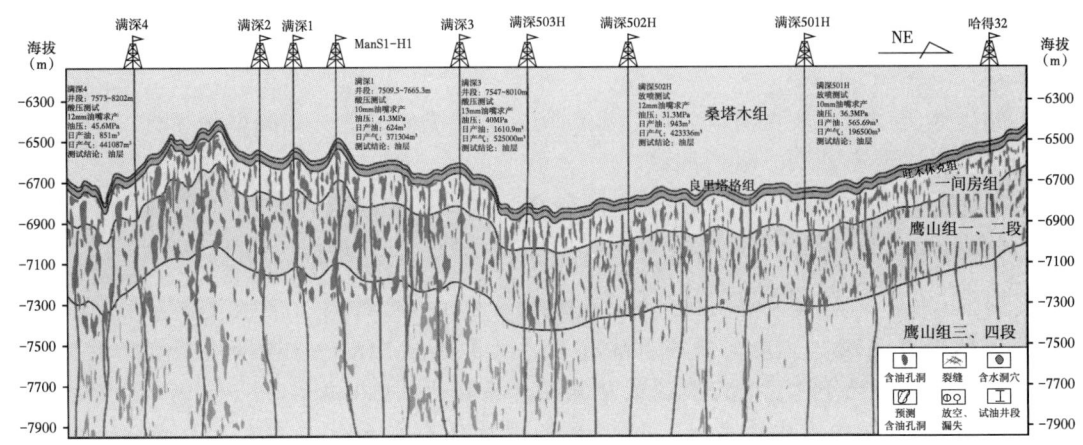

图1-3 富满油田F_I17断裂带南北向油藏剖面图

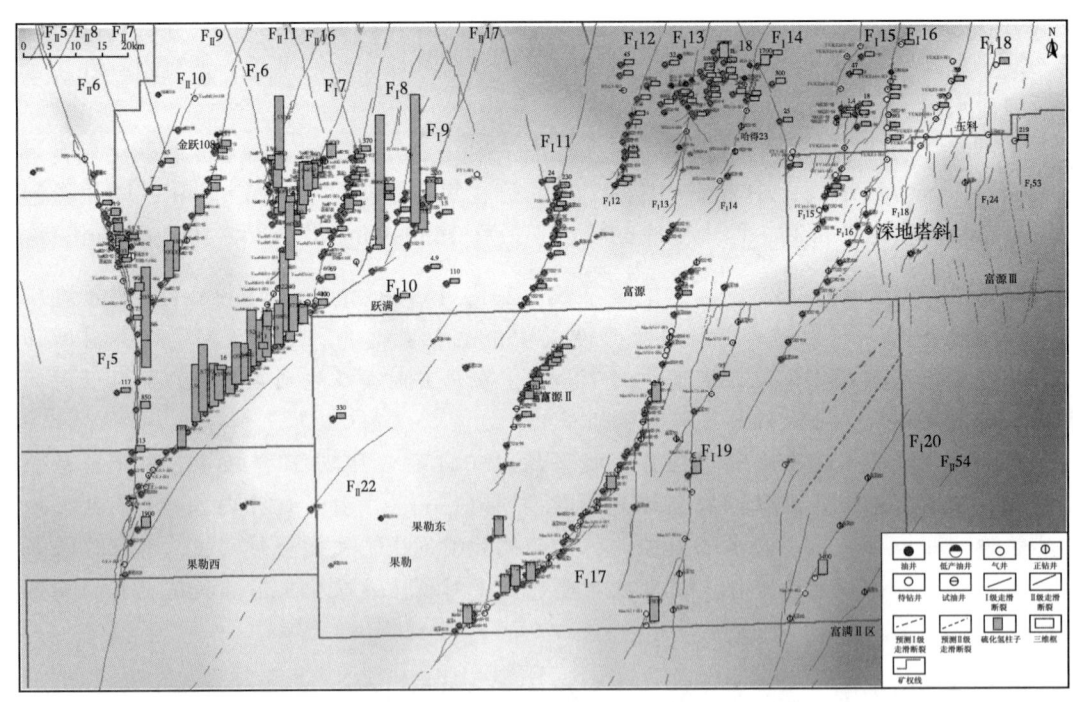

图1-4 富满油田奥陶系一间房顶面构造叠加硫化氢柱状图

（2）工程与井控风险。

台盆区碳酸盐岩油气储层的主要井控风险包括：

①目的层压力敏感性强，安全密度窗口窄或无，溢漏同层，溢漏转换频繁，规律性差。

②气油比高,油气置换速度快、易形成高套压。
③目的层含硫化氢,易造成钻具氢脆、设备腐蚀、人身伤害等。
④异常高压预测难度大,目的层钻井过程中易发生井控遭遇战。
⑤潜山区目的层上部地层缺失,中完卡层困难,易发生井漏。
⑥部分区块非目的层发育高压水(气)层。
⑦老井侧钻存在井筒完整性的风险。
⑧部分区块在人口密集区,井喷失控会对周边居民带来严重的安全威胁。
台盆区各个具体区块井控风险也有差异。以富满区块为例,其具体的井控风险就包括:
①特殊地表对于井控风险的影响。

台盆区地表复杂,其中富满北部地区地表植被覆盖,农田水网、人口密集,塔北隆起南缘沿塔里木河有国家自然保护区,南部地区以沙漠边缘为主,环保与井控风险较高。

②钻遇火成岩相关风险。

台盆区火成岩普遍发育,发育层位包含二叠系,奥陶系桑塔木组、一间房组、鹰山组等,其中以二叠系火成岩最为发育。目前针对二叠系火成岩可分为三个相带:空白相带、杂乱相带、平行相带(图1-5)。

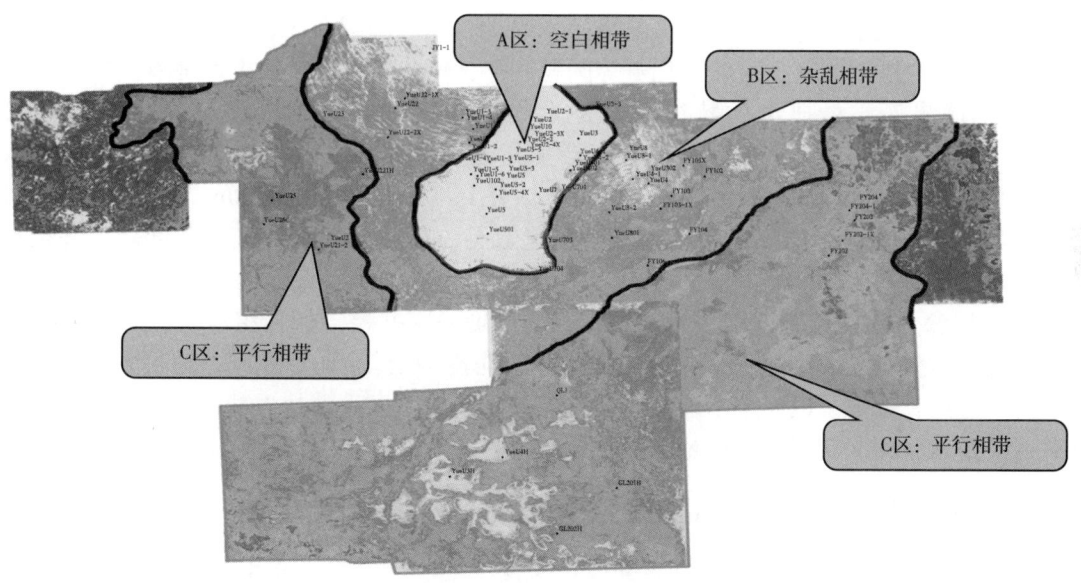

图1-5 富满油田二叠系平面相带分布图

结合钻探认识,普遍认为钻至空白相易发生放空、漏失、溢流等工程异常,其次为杂乱相、平行相,同样可能发生工程异常。

③桑塔木组和铁热克阿瓦提组高压盐水层的风险。

富满油田部分地区如跃满西、跃满、满深等地区在桑塔木组和铁热克阿瓦提组内,砂岩夹层内受构造应力、断裂活动、火成岩侵入等控制,发育高压盐水层,会造成不同程度和规模的溢流,而引发井控风险。

④钻遇连通井组造成低地层压力的风险。

富满油田奥陶系碳酸盐岩为断控缝洞储层，受断裂分期、分段活动控制，缝洞型储层非均质性强，连通关系复杂，部分井可能存在断裂、裂缝连通可能，连通关系难以预测，后期连通井钻遇已动用的缝洞储集体时会发生漏失、失返，造成液面过低，压力系数低，静液柱压力低，引发溢流、井喷等工程风险。

⑤水平井钻揭断控缝洞储层的风险。

富满油田奥陶系以断控缝洞储层为主，储集空间往往表现为洞穴、孔洞和裂缝特征，其中又以洞穴型储层为主，钻至缝洞储层常会发生放空、漏失、溢流等工程复杂。

⑥钻遇深层缝洞储层异常高压等风险。

富满油田奥陶系由于断裂活动有限，缝洞储集体规模较小，后期在地层温度压力高或压实作用下会产生异常高压，或受断裂多期活动控制，缝洞储集体连通范围有限，表现为定容储集体特征，钻探过程中压井产生圈闭压力造成异常高压的发生。故在深层钻探过程中常发生溢流，表现为地层压力较高，产生异常高压，且有大量硫化氢溢出风险。

第二节　塔里木油田超深井井控工艺与装备

我国的超深井主要集中在塔里木盆地、四川盆地、准噶尔盆地南缘，钻井普遍具有风险大、成本高、周期长等特点。尤其是塔里木盆地，超高温超高压、多压力体系、安全钻井密度窗口窄、溢漏同存、富含硫化氢等问题共存，给井控安全带来极大挑战。

"深"是超深层最典型的特征，也是世界级难题的"万难之源"。钻探深度超过6000m后，每增加100m，工程技术难度会呈指数级增加。塔里木盆地作为我国超深层地质的代表，油气藏埋深普遍超过6000m，钻井深度已经超过10000m。超深井还同时带来超高温超高压、地层复杂多样、富含硫化氢与二氧化碳等酸性流体等问题，井控难度可想而知。

针对超深井井控难题，塔里木油田坚持"立足一次井控，加强溢流防控；做好二次井控，及时有效处置；防患三次井控，强化应急准备"的综合防控原则，通过多年技术攻关、实践总结，形成了以库车山前高压气井井控技术、台盆区碳酸盐岩井控技术为代表的超深井井控技术，并配套了完整的超深井井控装备，为超深井井控安全奠定了基础。

一、库车山前高压气井井控工艺技术

塔里木油田库车山前目的层具有油气埋藏深、地层压力高、单井产量高、裂缝发育、安全密度窗口窄、井筒尺寸大等特点；非目的层具有高压盐水层分布不均、高压盐水溢流频发、安全密度窗口窄，漏溢转换快等特点。经不断实践总结，配套形成了库车山前高压气井七项主体井控工艺技术。

（1）溢流监测和预警报警技术。

（2）高压气井目的层安全钻进技术。

（3）高压气井溢流处置技术。

（4）大尺寸井筒溢漏处置技术。

（5）定容体高压盐水层控压排水降压技术。

（6）盐层控压固井技术。

(7)盐间低压漏失层承压堵漏技术。

1. 溢流监测和预警报警技术

塔里木油田立足于库车山前高压气井溢流早发现、早关井、早处置原则，配套完善了以综合录井为基础、以电子坐岗为支撑、以多源确认为依托、以DROC为保障的溢流监测和预警报警综合技术，形成了现场双重坐岗、DROC远程监控的多重溢流监测机制，实现了库车山前高压气井溢流自动预警报警功能。

2. 高压气井目的层安全钻进技术

库车山前高压气井目的层安全钻进技术包括配套高压力等级井控装备、安装旋转控制头辅助控压、及时监测溢流特征、储备充足重浆和加重材料等。对地层压力高、天然气产量高的井，使用高强度、高抗压井口套管，合理进行井眼轨迹设计，优化钻井工艺，提升高压气井目的层钻井安全。

3. 高压气井溢流处置技术

超深井天然气侵入井筒时，即使关井后也会持续产生滑脱上升、井口套压持续升高的风险，塔里木油田总结出了库车山前高压气井配套高压力等级井控装备，发现溢流后要快速关井减少气侵量，关井后先利用专业软件模拟计算循环处理时的最大套压，不具备直接循环排气条件时，先用重浆将高压天然气回推至较低套压，再精准控制排量、节流循环排气的高压气井溢流处置技术。如井筒存在漏失层，还需要精准判断漏失位置，配合重浆回推、控压起钻至安全位置、分段循环排气等配套技术。

4. 大尺寸井筒溢漏处置技术

库车山前超深井上部大尺寸井眼（大于444.5mm）发生溢流后，由于井筒容积大、循环排量低，侵入井筒的天然气难以循环排出干净。塔里木针对库车山前大尺寸井筒的气体侵入特点，总结出了超大排量循环、超大容积钻井液储备、分井段重浆循环等技术，在应对大尺寸井筒溢漏复杂时取得了良好效果。

5. 定容体高压盐水层控压排水降压技术

基于定容体高压盐水层的圈闭特征，常规提密度压井不但不能压稳盐水层，还会形成更高的圈闭压力。控压放水技术利用井筒多相流动理论、地层渗流方程，精准计算并控制控压放水全过程，利用油基钻井液的耐水能力，小排量多次控压放水，通过释放地层流体减小地层压力，从而扩宽钻井液密度"操作窗口"，降低钻井液密度，达到安全钻进的要求。

6. 盐层控压固井技术

针对库车山前盐层完钻后钻井液密度高，常规固井技术需要更高的水泥浆密度，施工中就会压漏薄弱层的难题，塔里木油田总结出了盐层控压固井技术，使用专用的精细控压固井设备，实时监测井底压力和出口流量变化，自动控制出口回压，不用过高的水泥浆密度，通过井口回压控制，实现井底压力微过地层压力，提升窄密度窗口地层的固井质量。

7. 盐间低压漏失层承压堵漏技术

库车山前地区井多为异常高压系统，裂缝、微裂缝发育，钻井液安全密度窗口窄，极易发生井漏。井漏主要集中在盐膏层盐间及盐底薄弱层，压井过程中会出现高压盐水溢流与薄弱层井漏的溢漏同存，难以在窄密度窗口找到合适的平衡点。塔里木油田基于复合盐膏层高压盐水层与盐间薄砂层、盐底低压层并存实际情况，引入随钻堵漏提升承载能力、沉降堵漏应对恶性漏失的综合盐间低压漏失层承压堵漏技术，优选了多种堵漏配方、研发了新型堵漏材料，完善了现场应对漏失的技术手段。根据储层基质类型采取针对性堵漏，解决油气置换和恶性井漏带来的井控风险。其中针对基质型储层中发生的气侵、油气置换等微漏，主要采取随钻堵漏工艺；对于基质—裂缝型储层中发生的油气置换、小漏，主要采取封缝堵气工艺；对于裂缝型储层中发生的小—大漏，主要采取桥浆堵漏为主的工艺；对于溶洞型储层中发生的失返性井漏，则主要采取投球堵漏为主的工艺。

实践中，往往根据不同的井型、不同的工况、不同的井深、不同的钻井液体系，采取多种堵漏工艺相结合的方式，进一步提升堵漏成功率和堵漏效果。

在长期实践中，针对库车山前高压气井井控风险，塔里木油田还总结了其他井控技术。

（1）负压引流测试技术，有效验证尾管固井喇叭口封固质量。

常规的正向试压无法有效验证喇叭口封固质量。塔里木油田大北204井、大北302井在射孔前的替液工序阶段，因喇叭口窜漏而引发溢流。墨西哥湾深水地平线事故后挪威井完整性标准要求按照产层流体流动方向进行负压测试。负压引流通过在喇叭口上部下入封隔器及配套测试工具，将管内替成低密度液体，形成负压差（20MPa），验证喇叭口封固情况，如有泄漏，可通过套管短回接或变更完井封隔器位置的方式及时补救。目前高压气井累计测试56口井，其中5口井喇叭口出现窜漏，通过套管短回接进行补救。

（2）上钻台采油树技术，消除试油测试期间的井口换装风险。

对于先测试后完井的作业，在下测试工具前，要将钻井四通更换为采油四通后下入测试管柱，再将井口防喷器换装成采油树进行测试，期间存在因产层已射孔，更换四通时井口处于无控状态的井控风险；若试油层数较多，需频繁进行井口换装作业，导致施工时间长，使井口多次处于无控状态的井控风险。改进后的试油测试工艺无须更换采油四通，无须拆除井口防喷器组，通过特殊油管头及升高短节将采油树安装在井口防喷器上，并升至钻台面，从根本上消除了频繁倒换井口的风险。

二、台盆区碳酸盐岩井控工艺技术

台盆区碳酸盐岩井油气埋藏深、地层压力高、气油比高、缝洞发育、喷漏同存、溢漏转换快、硫化氢含量高，通过不断实践总结，配套形成了台盆区碳酸盐岩六项主体井控工艺技术：溢漏同存井控压钻井技术、井下液面监测技术、"凝胶段塞+重浆帽+吊灌"安全起下钻技术、缝洞型高含硫井溢流处置技术、特殊工况井控风险防控技术和硫化氢治理与防护技术。

1. 溢漏同存井控压钻井技术

常规控压钻井技术就是在钻井过程中使用技术手段控制环空压力，从而有效实现安全钻井的目的，主要设备为旋转控制头和节流管汇。针对台盆区碳酸盐岩储层压力敏感性特征，塔里木目前在台盆区所有碳酸盐岩目的层钻进的井均安装了旋转控制头，在钻井过程中，合理控制钻井液密度的同时，通过旋转控制头的控压功能以及调节节流阀的大小，保持井口回压 3~5MPa，控制井底压力的变化，在保证不发生井漏、控制溢流的前提下，实现在喷漏同存的储层中进行安全钻进的目的。常规控压钻井技术结合液面监测技术已经成为台盆区碳酸盐岩目的层喷漏同存钻井的核心技术。

2. 井下液面监测技术[1]

液面监测技术应用于液面不在井口时的起下或钻井漏失返工况下溢流检测，具有及时、准确、实时和全自动化的特点，从而为钻井过程中溢流的判断提供了先进的技术手段，为碳酸盐岩喷漏同存超深井的井控安全提供了技术保障。液面监测技术利用了现代电子学原理、集成电路、制图系统等，处理和实时记录两种反射信号，用两个单独的放大器，各自有相应频率反应，自动计算液面深度。目前塔里木油田规范和加强了钻完井作业期间液面监测技术管理，充分发挥液面监测的井控保障作用，在碳酸盐岩储层发生井漏后，液面不在井口情况下，通过技术手段能及时、全面掌握作业井井下压力动态变化，为安全作业提供真实、准确的决策依据。

3. "凝胶段塞 + 重浆帽 + 吊灌"安全起下钻技术

对油气活跃的井，将钻头起至储层顶部循环，有利于排除上部井段受污染的钻井液，并在下部打入凝胶段塞，阻挡或抑制油气滑脱上窜，为安全起下钻提供充足的保障时间。综合考虑油气活跃程度、井漏（通道）情况、地层压力等，在正常钻井液密度不能完全兼顾压稳油气层和防止井漏的情况下，起下钻前通过科学计算，选择打入重浆帽的密度、位置和高度，确保起下钻过程中重浆帽加井浆形成的液柱压力略大于地层压力，从而保证井底压力平衡。

（1）凝胶段塞。

凝胶段塞工艺是在隔断式凝胶段塞堵漏技术基础上发展起来的一项井控技术，可以有效地处理下溢上漏和严重漏失的井筒复杂情况，采取分割隔离的处理原则，充分利用凝胶段塞的高流动阻力（附加压差），在有效抑制井底油气上窜的条件下，为后续作业（如堵漏、起下钻等）提供安全作业时间，对于台盆区碳酸盐岩储层井控安全起到关键性的作用。

目前台盆区碳酸盐岩高气油比区块，起下钻前均采用凝胶段塞控制油气上窜。凝胶段塞设计封闭段长及位置要结合目的层油气活跃程度、漏失速度及特征、温度等因素综合确定。对于控压起钻的情况，一般控压起钻至套管鞋，将上部井段油气循环干净后注凝胶段塞，控制起下钻过程中储层的油气上窜速度，确保起下钻过程中的井控安全。

（2）重浆帽。

为解决碳酸盐岩压力窗口窄的难题，目前台盆区碳酸盐岩压力敏感性储层一般采用控压钻井完成油气层作业。在控压钻井起钻过程中不能仅靠调整井口回压平衡地层压力，目前针对这种压力敏感性的储层均采用打重浆帽的方法（带压起钻到一定井深再替入重浆帽的方法）维持井下压力的连续控制，达到井控安全，实现安全起钻作业。

（3）吊灌起钻工艺。

吊灌技术主要应用在台盆区碳酸盐岩压力敏感性储层起钻的过程中，通过监测液面，配合准确判断地层压力、井底压力，采用间断性向井筒灌入合适密度的钻井液的"吊灌"措施，保证在起钻过程中井筒液柱压力和地层压力始终动态平衡，不漏不溢，能够实现井漏失返，是起钻过程中井筒压力动态平衡的一种压力控制方法。

吊灌技术的关键，是要精确控制吊灌的时间间隔、吊灌量、吊灌浆密度。不合理的吊灌容易诱发工程问题，灌浆太多引起钻井液大量漏失，可能会导致井底油气与井筒钻井液的置换加剧；少灌则会产生溢流、井涌等复杂情况，如图1-6所示。

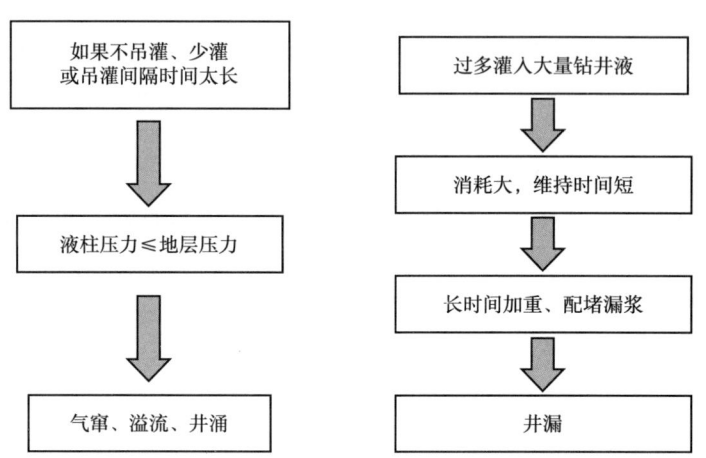

图1-6 吊灌诱发工程问题

4. 缝洞型高含硫井溢流处置技术

针对碳酸盐岩储层缝洞型油气藏高含硫化氢的特点，发生溢流后，如采用常规的循环法压井进行处置，会将有毒有害的硫化氢循环到井口，带来人员伤害风险、井口设备硫化氢腐蚀风险的弊端，塔里木油田总结出了缝洞型高含硫井压回法压井的溢流处置技术。压回法不是排出溢流，而是将溢流物压回储层，适用于含硫量高、溢流量大的条件。根据压回过程的差异，压回法又可演变为正挤法、反挤法、复合挤法等多种压井方法。

5. 特殊工况井控风险防控技术

特殊装备和工具配套，控制电测、下套管、换装井口等作业环节井控风险。如采用钻采一体化四通，减少完井井口换装频次。可回收式油管内堵塞阀、机桥，确保井口换装期间风险受控。电缆悬挂接头、可承载循环头，提高电缆测井、下套管期间溢流关井时效。全面推广直推式测井技术，仪器与钻具直连，发生溢流无须抢接内防喷工具或防喷单根/立柱，可直接实施关井，大大降低测井作业井口控制难度。

6. 硫化氢治理与防护技术[2]

硫化氢具有剧毒、强腐蚀的特性，不仅容易造成钻具氢脆、影响钻井液性能，还对作业环境、作业人员存在潜在危害。塔里木盆地碳酸盐岩储层普遍高含硫化氢，硫化氢含量最高达 $45.7×10^4 mL/m^3$，是最低致死浓度的1500倍。塔里木油田在多年的碳酸盐岩储层超深井钻探过程中，形成了硫化氢实时连续检测、控制钻井液pH值、储备并加入除硫剂、选用抗硫油套管和井控装备、配备正压式呼吸器、全员开展培训等一系列硫化氢治理与防护技术，为高含硫碳酸盐岩储层井控安全提供了保障。

三、塔里木超深井井控装备配套与管理

井控装备设施是油气井压力控制的关键设备，是井控安全的核心保障。井控装备设施配套的完整性、性能的可靠性对井控工作至关重要。塔里木油田针对超深井井控风险特

点,坚持"四统一"的井控装备管理模式,形成了完善的超深井井控装备配套与管理模式。

1. 建立了完整的超深井井控装备系列

超深井井控装备配套包括实施超深油气井压力控制技术的所有设备、专用工具、仪器仪表及管汇。塔里木超深井井控装备包括以下七种。

(1)井口装置:防喷器、控制系统、四通、套管头等。

(2)井控管汇:节流管汇、压井管汇、放喷管线等。

(3)内防喷工具:方钻杆上、下旋塞、箭形止回阀、浮阀、顶驱旋塞等。

(4)井控仪表:液面监测仪、综合录井仪等。

(5)分离及燃排装置:液气分离器、点火装置等。

(6)专用设备及工具:旋转控制头、强行起下钻装置、清理障碍物专用工具及灭火设备等。

典型的超深井钻井井控装备配置方案如图1-7所示。

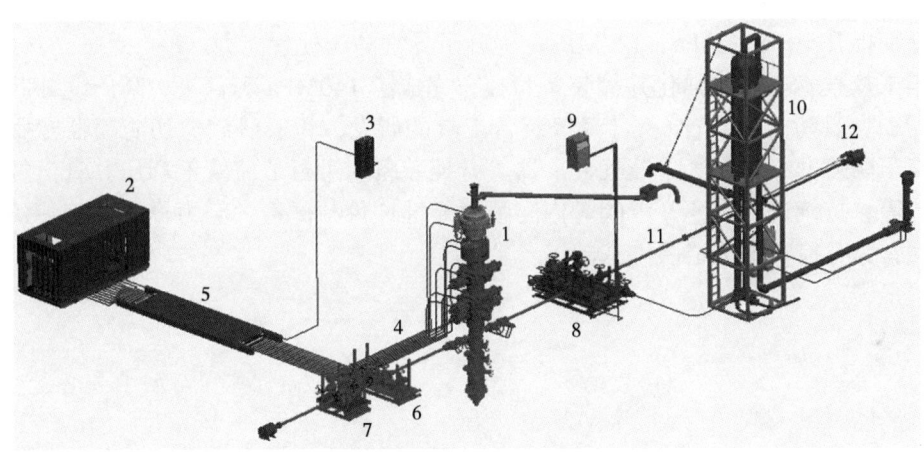

图1-7 超深井典型井控装备配套示意图

1—井口防喷器组;2—远控台;3—司控台;4—液控管束;5—管排架;6—压井管汇;7—放喷管汇;8—节流管汇;9—节流管汇控制箱;10—压井液气体分离器;11—放喷管线;12—自动点火装置

塔里木油田目前配套了通径180~680mm,压力等级14~140MPa的全系列规格齐全、型号完整的环形防喷器和闸板防喷器,有配套完整的防喷器控制系统、节流管汇、压井管汇、四通、防喷管线、压井液气分离器等设备4200多台套,有与防喷器压力等级匹配的各种规格型号内防喷工具2000多只,有高压力等级的采油(气)树、井下安全阀等1000多套,完全能满足超深井高温、高压、高产、高含硫的井控需求。

2. 建立了超深井井控装备管理模式

塔里木油田根据超深井井控风险高、井控装备质量要求高的实际,始终坚持主体井控装备由油田公司"统一提供、统一安装、统一试压、统一维护"的专业化保障模式,超深井钻井、试油、井下作业所需的井口装置、井控管汇、分离及燃排装置、内防喷工具等主体井控装备,由塔里木油田公司统一技术标准、统一采购。套管头、采油树、采油四通等配套井控装备执行统一的质量技术标准,压力等级、材质、选型与防喷器等井控装备相互配套,性能满足超深井井完整性要求。

超深井现场使用的主体井控装备由油田公司井控车间统一检维修、试压检测合格后配送。承包商自带的井控装备及设施，也定期交由油田井控车间或油田认可的资质机构进行质量检测和维修保养，取得合格证明后方可使用。

现场使用过程中，油田井控车间专业技术人员全程提供技术指导、试压及探伤检测、性能调试及疑难故障排除等技术服务，确保使用安全。

通过严格控制采购质量、检维修质量，规范现场使用及维护管理，塔里木油田落实了超深井井控装备全生命周期质量管理。

3. 大力推广新装备新工艺，降低钻井作业井控风险

针对超深井的井控需求，塔里木油田研制推广了大通径一体化四通，在台盆区碳酸盐岩储层的富满油田全面推广应用 $9\frac{5}{8}$in、$10\frac{3}{4}$in 大通径一体化四通，特殊的结构形式能同时满足钻井、试油作业工艺需要，避免转试油前再次换装井口，大幅降低井控风险，缩短钻井周期。针对台盆区碳酸盐岩异常高压井，考虑防硫、气密封、高抗内压需求，设计了 219.08mm（$8\frac{5}{8}$in）×23.80mm C110/气密封扣、177.8mm（7in）×12.65mmC110 套管，抗内压强度分别提升至 148.3MPa、127MPa，提升了异常高压处置能力。

近年来从技术上持续强化井控装备管控，完成了 140MPa 套管头、高压气井芯轴式套管悬挂器、钻具防上顶装置（死卡）等装备工具的研发，积极研制剪切防喷器专用控制系统、特高压防喷器组、大气量液气分离器等井控装备，进行节流管汇和压井管汇的手自一体化改造等，持续进行旋塞、浮阀等内防喷可靠性评价与优选，努力提升井控装备的性能与可靠性，为井控安全奠定硬件基础。

第二章　钻井过程中井控风险及防控措施

塔里木油田在30年来的井控实践中，对发生的复杂井控事故进行反思分析，既有井控装备引起的，也有井控工艺导致的。但更多的是由于关键环节、关键工序对井控风险分析认识不到位、防控措施不落实、操作不当所引发。特别是在山前高压气井、台盆区碳酸盐岩储层两个井控高风险区块的超深井钻探中，更需要对每个工序井控风险有充分的认识，对防控措施有深刻的理解，对操作步骤熟练地掌握，才能防患于未然。

库车山前高压气井和台盆区碳酸盐岩储层的井，在钻井过程中会遭遇浅层气、盐膏层、裂缝型储层、溢漏同层长裸眼段等各种不同的情况，也会有高压气井老井侧钻、台盆区碳酸盐岩井老井侧钻等不同的工艺，面临着不同的井控风险，如风险识别不到、防控措施不全、操作不当，极易发生井控事故。本章重点针对关键环节的井控风险防控进行了阐述。

第一节　山前高压气井表层钻进浅气层风险防控

表层钻进时，如果出现浅层气，由于埋深浅，一旦井内钻井液液柱压力不能平衡气层压力，天然气会在很短的时间到达井口。如防控措施不当，可能会导致井喷失控、井口爆炸着火、井架基础塌陷等重大井控风险，其危害应足够重视。本节从钻进及通井、固井作业、安装表层套管头井口装备并试压、浅层气防控四方面对库车山前表层钻进浅气层的井控防控措施进行了阐述。

一、钻进及通井

1. 井控风险
（1）山前一开砾石层钻进，蹩跳钻严重，易垮塌，导致卡钻的风险。
（2）地层疏松，易发生漏失的风险。

2. 钻进及通井前准备
（1）钻前施工时，应垂直掩埋导管。
（2）钻机安装时，转盘中心线与导管中心线偏差不应大于10mm。
（3）开钻前校正天车、转盘、井口中心在同一铅垂线上，偏差小于10mm。
（4）优先选用大水眼钻头，以满足粗颗粒堵漏材料等随钻堵漏的条件。
（5）落实钻井液坐岗和录井坐岗，确保能及时发现溢流和井漏。

3. 钻进及通井井控操作
每钻完单根（立柱）上下划眼1~2次修好井壁再接立柱，划眼时间控制在3min左右，接单根要迅速，防止堵水眼和沉沙下降造成开泵困难和憋泵。

4. 注意事项

为防止导管处发生井漏、窜槽复杂情况，避免钻头在导管鞋附近划眼或循环，在井下 50m 以上的松软地层井段，严禁长时间在同一位置循环。

二、固井作业

1. 井控风险

（1）上部地层疏松，固井存在漏失风险，水泥浆可能无法返出地面。

（2）固井施工期间溢流，漏转溢的井控风险。

2. 固井作业前准备

（1）编制固井施工设计，合理设计水泥浆密度、注替排量等，明确溢流、井漏等突发情况的处置预案。

（2）钻至设计中完井深，充分循环后起钻下三扶通井钻具，通井到底用稠浆（黏度150s）举砂，起下钻验证沉砂，确保套管顺利下到井底，起钻连续灌浆，保证液面在井口。

（3）对于阻卡井段必须拉划畅通，起钻前投多点，根据多点数据及遇阻井段制定针对性措施。

（4）检查测量固井工具及附件，对所有套管进行通径。

3. 固井作业井控操作

（1）固井施工前，钻井监督、固井监督组织井队及相关方开展技术交底，井队、固井队组织生产班组开展技术交底。

（2）固井施工期间坚持坐岗，认真复核注入量和返出量，如发生井漏，可采取适当降排量继续施工，注替到位后根据情况决定是否反挤固井施工。

（3）固井注替过程中，严格做好正反计量工作，发现溢流，立即停泵关井。

4. 注意事项

提前制定井漏、溢流针对性应对措施。

三、安装表层套管头、井口装备并试压

1. 井控风险

（1）表层套管头安装不正，导致后续井控装置偏磨的风险[3]。

（2）表层套管头及井口安装质量不合格，存在井口承压后刺漏的风险。

2. 安装表层套管头、井口装备并试压前准备

（1）检查表层套管头及井扣装备的规格、型号等是否正确，配件是否完整，合格证等符合要求。

（2）编制安装表层套管头期间发生溢流如何控制井口编制专项施工方案及井控应急预案。

（3）提前准备检查套管头 BT 密封圈槽、钢圈槽、钢圈等，提前准备好套管切割工具、焊接工具、吊装设备、试压设备、安装工具等。

3. 安装表层套管头、井口装备并试压井控操作

（1）使用水平仪结合向钢圈槽内注水方式，再次检查确认套管头上法兰面水平度，要

求套管头上法兰面水平度误差不大于1mm。

（2）严格按照《塔里木油田钻井井控实施细则》井控装备现场试压值的要求进行试压。

4. 注意事项

若表层套管头及井口装备有缺失、损坏及试压不合格的应及时做好记录并汇报，讨论制定相关补救或更换措施，确保井口完好。

四、浅层气防控

1. 井控风险

意外钻遇浅层气，如液柱压力不足，会发生溢流，并在短时间内转为井涌、井喷，如没有安装防喷器，则无法实施应急关井，可能导致井喷失控、井口爆炸着火、井架基础塌陷等重大井控风险。

2. 钻遇浅气层前准备

（1）充分对照邻井实钻资料、地质资料，准确预判浅层气发育层位。

（2）开钻之前应做好重钻井液储备，密度为该开次设计钻井液密度上限的基础上附加0.15g/cm³，有效钻井液量160m³以上，加重材料储备100t以上。

（3）编制浅层气应急预案并开展应急演练，确保钻遇浅层气后现场能及时正确应对。

3. 钻遇浅气层井控操作

（1）钻井液工和录井联机员严格按照坐岗制度监测液面，及时发现溢流和井漏。

（2）发现溢流立即向司钻及值班干部汇报，如未安装防喷器，则尽快打开放喷通道，并将重浆大排量泵入井内；如已安装防喷器，则按《塔里木油田钻井井控实施细则》钻进过程中发生溢流关井程序，实施关井。

（3）在关井或压井过程中，出现下列情况之一，应采取控压放喷措施，地层流体为天然气或含硫化氢等有毒有害气体时，应及时在放喷出口点火。

①套管下深低于800m的井，井口压力超过套管鞋处地层破裂压力所对应的允许关井压力。

②井口压力超过井控装备的额定工作压力。

③井口压力超过当前作业期间井最内层套管抗内压强度的80%。

④密封井内压力的井控装备出现井内流体严重泄漏。

（4）注入重浆或溢流关井应急处置后，及时向上级汇报处置情况，研究确定下步措施并尽快实施。

（5）起钻采用连续灌浆方式，专人负责观察灌浆和返浆情况。

4. 注意事项

（1）对预测有浅气层的井，设计时应要求表层套管封过疏松地层，水泥浆返至地面且要保证良好的封固质量。

（2）在开钻前应做好钻遇浅层气的井控预案和相关准备工作，立足一次井控，选择合适的钻井液密度，并根据实钻情况进行调整。

（3）钻遇浅气层后，钻具组合增加近钻头浮阀，每趟钻起出检查，累计使用300h强制报废，通过短程起下钻检测油气上窜速度，保证钻井液密度满足安全起下钻要求。

（4）对浅气层井，要求采用适当密度钻井液开钻，钻井液密度可按规定附加值的高值进行附加，浅层气井段钻井液密度宜采用压力附加；起钻前，要通过短程起下钻判断钻井液密度是否合理，并保证能有足够的安全起下钻时间。

（5）入井钻具结构要尽量简化，采用大排量钻进，一般要求钻进排量比正常井排量大3~5L/s，发现起钻拔活塞无法消除时，要采用循环、倒划眼的方式起钻。

（6）停泵时间不能超过安全起下钻时间，若停泵时间较长，下钻期间，要中途循环排气。

（7）在老区钻调整井，若周边井存在从上部套管窜漏，影响本井正常压力系统，在施工中要按浅气层井对待，防止异常高压层窜入。

第二节　库车山前盐层作业井控风险与防控措施

库车山前地质条件复杂，巨厚盐膏层在高温高压环境下具有强蠕变性，又兼有高压盐水普遍发育及盐间夹杂低压薄砂层等问题，导致盐层作业过程中安全密度窗口窄，易溢流、漏失、卡钻，安全风险高，控制难度大[4]。本节从井控安全的角度出发，对卡盐顶、盐层钻进、卡盐底、盐层起下钻、盐层扩眼、盐层通井、盐层电测、盐层下套管和盐层固井等关键环节的井控风险、防控措施和注意事项进行了详细阐述。

一、卡盐顶

1. 井控风险

（1）盐上地层存在薄弱层，有井漏风险，而盐上层位（新近系—库姆格列木群上泥岩段）存在井漏后油气水侵的溢流风险。

（2）钻井液密度不足导致高压盐水溢流的风险。

（3）卡盐顶过程中卡钻后发生溢流，存在钻具不能上提至正确位置关井，导致关井不成功的风险。

2. 卡盐顶前准备

（1）加强与邻井对比，兼顾上部薄弱层和盐层，合理选择钻井液密度。

（2）简化钻具组合，不带垂钻、螺杆等工具。

（3）保持恒定钻压，采取接单根方式钻进，接单根应确保井下无阻卡后进行，接单根时间控制在5min以内，钻完单根井口预留不少于5m。

（4）在钻台上准备好防喷单根或立柱（旋塞+1根钻杆/钻杆立柱+变扣），旋塞处于全开状态、保护好连接螺纹。

（5）使用复合钻具时，最下部安装使用概率大的半封闸板总成，提前计算好钻杆接箍在半封闸板封芯位置的钻余（避免万一卡钻时能够有效关井）。

（6）检查井口防喷器组及控制系统，确保处于正常待命工况。

（7）检查钻机提升系统、动力系统、钻杆钳，下完钻铤后B型钳钳头更换为钻杆对应尺寸的钳头，以作备用，确保卡盐顶期间不会发生故障。

（8）检查好钻具，保证钻具抗拉余量在60t以上。

（9）全程密切关注钻压、钻时、扭矩及岩屑（颜色、数量、形状等特征）、出口钻井液性能（氯离子含量、电导率等参数）变化，判断是否进入盐层，地质上做好对比跟踪。

（10）现场负责人召开卡盐顶前交底会，进行任务安排，做到分工明确、任务清晰。

3. 卡盐顶井控操作

（1）钻进期间当钻压降低、钻时变快，每钻进 0.2m 则上提下放 1 次，若扭矩波动较小，则继续钻进 2m，进行地质循环，若扭矩波动较大，则直接上提钻具至安全井段进行地质循环，落实岩性。

（2）正常钻进和起下钻期间发生溢流，按《塔里木油田钻井井控实施细则》钻进和起下钻发生溢流关井程序，实施关井。

（3）若钻具卡死，不能在正常位置坐吊卡关井，则上提或下放钻具，使其接箍避开半封闸板位置，并按照《塔里木油田钻井井控实施细则》钻进过程中发生溢流关井程序，实施关井。

（4）若发生井漏，立即起至安全井段，如液面不在井口，环空采取连续灌浆或按起出钻具体积的 1.5~2 倍吊灌浆，尽快进行液面监测，发现漏转溢则按《塔里木油田钻井井控实施细则》对应工况关井程序，实施关井。

（5）关井后及时汇报并研究制定下一步措施。

4. 注意事项

（1）盐顶期间发生异常，把发现溢流及时关井作为第一要务，工作安排要能及时发现溢流，确保能迅速关井。

（2）注意将钻时和扭矩变化，作为是否进入盐层的主要依据。

二、盐层钻进

1. 井控风险

（1）钻遇盐底时可能提前钻揭目的层高压气层，发生井漏失返，存在井漏后井内液柱压力失衡，高压气大量进入井筒，导致严重溢流、井涌、地下井喷的井控风险。

（2）循环期间可能对井下判断不清，控制不当导致严重盐水溢流。

（3）盐层钻进易发生蠕变卡钻，卡钻后，发现溢流时存在钻具不能提至正常位置关井，导致关井不成功的风险。

（4）盐层可能发育高压盐水或伴生气，同时盐间存在薄弱漏层，存在高压盐水溢流、溢漏同存的井控风险。

2. 常规钻进前准备

（1）加强与邻井对比，兼顾盐层蠕变和预防井漏，选择合适的钻井液密度，并根据实钻及时调整。

（2）按设计和单井方案储备足量的抗盐、抗钙钻井液处理剂，重浆和加重材料齐全并有足够的储备。

（3）优先选用大水眼钻头，以满足粗颗粒堵漏材料等随钻堵漏的条件。

（4）对于预测有高压盐水的井，钻开盐层前安装旋转控制头，为发现溢流钻具带压旋转或为起下钻创造条件，出套管前安装好旋转总成。

（5）近钻头安装浮阀，在钻头出套管鞋时，在井口钻具接入旋塞和浮阀（旋塞在下，浮阀在上）。

（6）在钻台上准备好防喷单根或立柱（旋塞 +1 根钻杆 / 钻杆立柱 + 变扣），旋塞处于全开状态、保护好连接螺纹。

（7）使用复合钻具时，使用概率大的半封闸板总成安装在下面，提前计算好钻杆接箍在半封闸板封芯位置的钻余（避免万一卡钻时能够有效关井）。

（8）检查井口防喷器组及控制系统，确保处于正常待命工况。

（9）检查钻机提升系统、动力系统、钻杆钳，下完钻铤后B型钳钳头更换为钻杆对应尺寸的钳头，以作备用，确保盐层钻进期间不会发生故障。

（10）检查好钻具，保证钻具抗拉余量在60t以上。

（11）落实钻井液坐岗和录井坐岗，确保能及时发现溢流和井漏。

（12）现场负责人召开盐层钻进前交底会，进行任务安排，要求分工明确、任务清晰。

3. 常规钻进井控操作

（1）钻进期间密切注意钻井参数、钻井液性能的变化情况，出现异常停钻循环检查，做好关井准备，确认溢流立即按《塔里木油田钻井井控实施细则》钻进过程中发生溢流关井程序，实施关井。

（2）关井后，观察记录好立套压变化，若未安装旋转控制头或套压大于5MPa，则先进行压井作业，观察出口断流后正常起钻。

（3）若安装有旋转控制头壳体但未安装胶芯总成且套压不大于5MPa，则调节环形防喷器管汇油压4~6MPa，管内受控条件下可带压安装上旋转控制头总成，控压起钻至套管鞋；若安装有旋转控制头总成，控压起钻至套管鞋。

（4）要使用旋转控制头带压起钻，必须经过业主单位同意并在井控专家的指导下进行，旋转控制头技术人员现场待命，在确认旋转控制头出水口处的液动平板阀、灌浆管线关闭后，方可起钻，起进套管后及时关闭对应的闸板防喷器。

（5）在关井和带压起钻过程中，值班干部全程在钻台值班，副司钻在远控房至节流管汇加强巡检，安排专人观察出水口和旋转控制头，有异常立即汇报。

（6）控压起钻时，每起出1~3柱钻杆，通过反循环管线，按起出钻具闭排体积的1~2倍挤灌浆，罐区双人坐岗，每10min观察一次液面，发现问题立即汇报给司钻、工程师、值班干部。

（7）若钻具卡死，不能在正常位置坐吊卡关井，则上提或下放钻具，使其接箍避开半封闸板位置，然后按《塔里木油田钻井井控实施细则》对应工况关井程序进行关井。

（8）若发生井漏，立即起钻至安全井段，如液面不在井口，环空采取连续灌浆或按起出钻具体积的1.5~2倍吊灌浆，尽快进行液面监测，发现漏转溢则按《塔里木油田钻井井控实施细则》对应工况关井程序进行关井。

（9）关井后及时汇报并研究制定下一步措施。

4. 注意事项

（1）盐层钻进期间发生异常，把发现井漏和溢流及时关井作为第一要务。

（2）旋转控制头在安装时要精细操作并注意做好日常的检查维护，防止出现旋转控制头刺漏、液动平板阀不能关闭等情况。

三、盐层控压钻进

1. 井控风险

盐层控压钻进期间可能对井下判断不清，控制不当导致严重盐水溢流。

2. 盐层控压钻进前准备（除常规钻进前要求的准备外）

（1）旋转控制头安装到位后，井口安装操作梯便于上下检查旋转控制头。

（2）现场配置与防喷器压力级别匹配、与钻杆尺寸配套的下旋塞4只、浮阀4只，其他内防喷工具配置执行相关规定。

①采用控压作业的井，液气分离器点火筒和主放喷管线点火筒应配置自动点火装置。

②钻具组合要求使用双浮阀，即近钻头接一只浮阀，钻头出套管鞋再接一只浮阀和旋塞。

（3）液动平板阀、控压节流管汇压力级别不低于旋转控制头静压。

（4）精细控压钻井自动节流管汇、井口与自动节流管汇连接管线在投用前需进行试压，试压按《塔里木油田钻井井控实施细则》控压钻井的井控要求执行。

（5）控压作业前钻台上应配齐与方钻杆或钻杆尺寸相符的钻具死卡，并进行死卡安装演练。

3. 盐层控压钻进井控操作

1）控压钻进

（1）控压作业期间，除控压作业专业服务队外，业主单位和承包商还应派驻熟悉控压作业的工艺技术人员指导把关。

（2）控压钻进时，应保持液面处于平稳状态或微漏，如液面有上涨，使用旋转控制头＋节流管汇进行控压钻进，调节好节流阀开关度，调整排量液面稳定后方可钻进，节流管汇处安排专人值班观察套压，防止压力变化过大，出现井漏或溢流。

（3）控压钻进期间控压值超过5MPa时，应立即停止钻进并关井通过节流管汇和液气分离器进行节流循环排气，若溢流未制止，则适当提高钻井液密度，以降低井口套压，非控压钻井期间，无油气显示时不允许通过节流管汇和液气分离器进行循环。

（4）液气分离器点火筒应点长明火。

（5）控压作业期间应每5min测量并记录一次钻井液循环罐液面、进出口钻井液密度、黏度、节流阀阀位开度、立压、套压、全烃、点火情况等，并填写控压作业记录，如发现异常，须加密监测。

（6）执行好五岗5min控压作业汇报制度，汇报内容分别是司钻汇报泵压、泵冲；钻井液工汇报液面变化情况、钻井液进出口密度、黏度；录井汇报全烃、C_1，井架工在节流管汇汇报套压；内钳工在节控箱汇报节流阀开度。

（7）节流管汇处专人值班做好记录。

（8）控压钻进过程中出现《塔里木油田钻井井控实施细则》控压钻井的井控要求的五种终止控压作业的情况，应立即终止控压作业。

2）控压接单根

（1）钻完一个单根后，划眼畅通，上下活动钻具无阻卡，循环3~5min保证井眼清洁。

（2）停泵时，司钻通知节控箱操作人员，停泵时同时关闭节流阀，防止地层流体进入井筒。

（3）放回水，泄掉钻杆和立管内的圈闭压力，观察立压降为0，且断流后（内防喷工具有效）坐好吊卡，进行接单根作业；若不断流，则先用重浆压水眼，确保压力回零，断流后接入备用浮阀进行接单根作业。

（4）单根接好后，缓慢开泵，逐渐增加排量至钻进排量，待立压较停泵前开始升高时开节流阀，控制节流阀调节井口套压至控压钻进时的套压值。

（5）根据套压和钻井液液面平稳操作节流阀，保持稳定的井底压力继续控压钻进。

3）控压起下钻

（1）起钻前，节流循环1.5周以上，确保停泵后套压不大于5MPa，同时录井队取砂样。

（2）控压起下钻过程严格控制起下钻速度小于0.20m/s。

（3）控压起钻过程中每起1~3柱，通过反循环管线，按起出钻具闭排体积的1~2倍挤灌浆，通过环空挤灌的方式维持井筒内液柱压力。

（4）维持井筒内液柱压力，若井口套压大于5MPa，则应采用提密度或盖重浆帽方式控制套压不大于5MPa，控压起钻至安全井段，节流循环或调整钻井液密度后再进行下步作业。

（5）控压起钻至设计盖重浆帽井深，应关井求取套压后，注入重浆并顶替到位以平衡地层压力；盖完重浆帽后，井口套压应为0，全开节流阀，检查是否存在溢流。

（6）重浆帽设计应以平衡或微过平衡地层压力为基本原则，以关井套压为参考依据，设计重浆帽高度及位置，应以有利于快速重建循环、减少钻井液漏失以及重浆密度利于配制为基本准则。

（7）盖完重浆帽后若环空液面不在井口，应使用液面监测技术、吊灌技术，维持井底压力平衡。

（8）起钻期间提前准备好入井工具及钻头，减少空井时间，起钻完空井时应关闭全封闸板后再进行井口其他操作，起钻完尽快组合钻具下钻，下钻至重建循环开始带压作业前安装旋转控制头总成。

（9）控压下钻过程中，应根据控压钻进时的井底压力值，调节节流阀，控制钻井液返出量应不大于下入钻具闭排体积（浮阀完好），同时钻具水眼内灌浆，每3~5柱灌满一次（若灌入量明显少于理论值则怀疑浮阀失效），维持井口压力，控制井底压力略大于地层压力，同时返出钻井液进入计量罐进行计量，判断浮阀失效后应再接入旋塞+浮阀。

（10）控压作业井起钻前可不进行短起下测油气上窜速度。

4. 注意事项

（1）为保证控压钻进顺利，做好岗位分工，各岗位负责人要全程在岗值守。

（2）控压作业时，控制头人员要定期巡查控制头胶芯密封、壳体密封和液压站工作情况，及时发现和排除存在问题。

（3）做好钻井液计量工作，控制溢流量，不能让地层流体过多进入井筒造成高套压。

（4）做好内防喷工具失效、旋转控制头刺漏、节流阀故障、井控装备控制系统故障等应急处置程序，确保任何时候都能迅速关井。

（5）现场随时确保钻台有备用的旋塞和浮阀。

四、卡盐底

1. 井控风险

（1）钻遇盐底时可能提前钻揭目的层高压气层，发生井漏失返，存在井漏后井内液柱压力失衡，高压气大量进入井筒，导致严重溢流、井涌、井喷的井控风险。

（2）盐层钻进易发生蠕变卡钻，卡钻后，发现溢流时存在钻具不能提至正常位置关井，导致关井操作不便的风险。

2. 卡盐底前准备

（1）与邻井加强对比，选择合适的钻井液密度，并根据实钻及时调整。

（2）按设计和单井方案储备足量的重浆和加重材料，保证井漏后起钻时有足够钻井液量。

（3）在钻台上准备好防喷单根或立柱（旋塞+1根钻杆/钻杆立柱+变扣），旋塞处于全开状态、保护好连接螺纹。

（4）检查钻机提升系统、动力系统、钻杆钳，下完钻铤后B型钳钳头更换为钻杆对应尺寸的钳头，以作备用，确保卡盐底期间不会发生故障。

（5）落实钻井液坐岗和录井坐岗，保证及时发现溢流和井漏。

（6）现场负责人召开卡盐底前交底会，进行任务安排，要求分工明确、任务清晰。

3. 卡盐底井控操作

（1）加强工程地质结合，不能准确判断是否到盐底时，及时简化钻具结构使用小尺寸钻头钻进，确保发生漏失后能起钻至安全井段（或套管内）。

（2）钻井液工和录井联机员严格按照目的层坐岗制度加密监测液面，及时发现溢流和井漏。

（3）钻进期间密切注意钻时、扭矩、泵压、悬重等参数变化，一旦出现异常，停钻循环检查，将钻具内防喷工具提至转盘面，做好关井准备，确认溢流立即关井。

（4）钻头出套管前，在井口钻具接入旋塞和浮阀（旋塞在下，浮阀在上）。

（5）钻至盐底后长时间循环时，不能将钻头放在井底，需提离10m以上，正常钻进和起下钻期间发生溢流，司钻立即发出报警信号，组织当班人员迅速按《塔里木油田钻井井控实施细则》钻进和起下钻工况溢流关井程序，实施关井。

（6）若发生井漏，立即起钻，如液面不在井口，环空连续灌浆或按起出体积的1.5~2倍吊灌浆，尽快起钻至安全井段，具备条件时进行液面监测。

（7）关井后若安装有旋转控制头壳体但未安装胶芯总成且套压不大于5MPa，则调节环形防喷器管汇油压4~6MPa，安装旋转控制头胶芯总成，控压起钻至套管鞋后进行压井作业，若安装有旋转控制头总成，则通过挤灌浆的方式，控压起钻至套管鞋后进行压井作业。

（8）要使用旋转控制头带压起钻，必须经过业主单位同意并在井控专家的指导下进行，旋转控制头技术人员现场待命，在确认旋转控制头出水口处的液动平板阀、灌浆管线关闭后，方可起钻，起钻时控制速度小于0.2m/s，起进套管鞋后及时关闭对应的闸板防喷器。

（9）在关井和带压起钻过程中，值班干部全程在钻台值班，副司钻在远控房至节流管汇加强巡检，安排专人观察出水口，有异常立即汇报。

（10）控压强行起钻时，每起出1~3柱钻杆，通过反循环管线，按起出钻具闭排体积的1~2倍挤灌浆。

（11）若钻具卡死，不能在正常位置坐吊卡关井，则上提或下放钻具，使其接箍避开半封闸板位置，然后按《塔里木油田钻井井控实施细则》对应工况进行关井。

（12）关井后及时汇报并研究制定下一步措施。

4. 注意事项

（1）卡盐底钻进期间发生异常，把发现井漏和溢流及时关井作为第一要务。

（2）做好钻井液储备，确保井漏后有钻井液灌浆，做好钻井液罐和配浆装置检查，确保能及时配制补充钻井液。

（3）做好井控装备日常的检查维护，确保随时处于待命工况。

五、盐层起下钻

1. 井控风险

（1）起钻速度过快产生抽汲作用而引发高压盐水溢流风险。

（2）下钻速度过快产生激动压力而引发薄弱地层漏失，进而发生既漏失又溢流的风险。

2. 盐层起下钻前准备

（1）起钻前，现场管理层人员组织钻台大班（机械工长）等专业人员根据设备专项检查表，检查好钻机提升系统、动力系统、防碰系统、循环系统、液面监测系统等，确保盐层起下钻不会发生设备故障。

（2）起下钻前在钻台上准备好防喷单根（立柱），检查好旋塞（待命状态时处于开位）、变扣是否连接正确、扣型符合要求并紧固到位，防喷单根（立柱）放在便于起吊抢接的位置，不能被其他物体遮挡。

（3）起下钻前落实钻井液坐岗和录井坐岗，确保在起下钻期间能及时发现溢流和井漏，有异常及时通知司钻并启动一键报警装置。

3. 盐层起下钻井控操作

（1）起下钻或静止观察过程中若发生溢流显示，按照《塔里木油田钻井井控实施细则》起下钻杆过程中发生溢流关井程序，实施关井。

（2）钻井液工和录井联机员严格按照目的层坐岗制度加密监测液面，及时发现溢流和井漏；起下钻作业时，应采用 $20m^3$ 以内的单罐进行计量，并安装体积直读式液位标尺，每3~5柱钻杆、1柱钻铤核对一次钻井液灌入或返出量，起下钻中断超过30min的情况，每30min核对液面并记录。

（3）在裸眼段起下钻，司钻应控制起下钻速度，不大于0.3m/s，防止因抽汲或过大的激动压力造成溢流、井漏，值班干部在钻台做好盯防工作，一旦出现复杂情况，第一时间指导处置。

（4）起下钻或中途顶通循环期间若发现井漏，液面不在井口，录井队组织对环空、水眼进行液面监测；井队根据漏速大小采取相应措施，明确吊灌方式、吊灌量，保证液柱压力大于地层压力，并做好因漏转溢的预防控制措施。

（5）下钻期间近钻头安装浮阀，钻头出套管鞋前，在井口钻具接入旋塞和浮阀（旋塞在下，浮阀在上）。

（6）下钻期间，每下入3~5柱钻杆或1柱钻铤（加重钻杆）记录1次返出量，5~10柱灌满水眼。

（7）中途顶通期间缓慢开泵，防止地层憋漏或者憋泵，同时记录好顶通压力。

（8）下钻到底应缓慢开泵顶通，开泵正常后及时低转速开动转盘（顶驱）上下活动钻具进行排污工作，并及时记录排污量，为后续安全作业提供依据。

（9）起钻前做好钻井液维护工作，循环至少1.5周，保障进出口钻井液密度差不大于0.02g/cm³，根据井下实际情况，选择合适密度的重浆或稀浆，停泵后出口断流。

（10）起钻前测油气上窜速度，达到安全起钻条件才能起钻。

（11）起钻过程中，应每起3~5柱钻杆或1柱钻铤按起出体积灌满钻井液。

（12）起下钻过程中，一旦发生钻具在井口断裂、落井事故，司钻应立即起出剩余钻具按照《塔里木油田钻井井控实施细则》空井发生溢流关井程序，实施关井观察，钻井液工要及时灌浆，值班干部要及时确认井下有无其他异常，同时做好液面监测，井下正常后方可进行下步作业。

4. 注意事项

（1）掌握好起下钻时间，必要时进行中途循环排污，井队管理层要熟悉地层蠕变速率。

（2）起下钻发生异常，把发现溢流及时关井作为第一要务，工作安排要能及时发现溢流，确保能迅速关井。

（3）井队必须配备相应尺寸的钻具死卡，盐层钻进前做好钻具打死卡演练、剪切闸板演练以及井口抢接内防喷工具等演练。

六、盐层扩眼

1. 井控风险

（1）钻遇盐底时可能提前钻揭目的层高压气层，发生井漏失返，存在井漏后液面过低，油气置换导致溢流的井控风险。

（2）盐层可能发育高压盐水或伴生气，同时盐间存在薄弱漏层，存在高压盐水溢流、溢漏同存的井控风险。

（3）控压钻进、循环期间可能对井下判断不清，造成地下井涌、盐水置换，导致关井高套压。

（4）盐层钻进易发生蠕变卡钻，卡死后存在钻具关井不一定能提至合适位置，导致关井不成功的风险。

2. 盐层扩眼前准备

（1）施工前，勘探公司派驻科室技术负责人或井控专家驻井盯防，钻井工程师负责编制扩眼施工方案及应急预案并交公司相关部门审批，值班干部组织召开扩眼施工前交底会，进行任务安排，要求分工明确、任务清晰；落实钻井液坐岗和录井坐岗，明确复杂情况下的应急处置措施及要求，确保盐层扩眼作业过程中的风险均能识别、管控到位。

（2）作业前，现场管理层人员组织钻台大班（机械工长）等专业人员根据设备专项检查表，检查好钻机提升系统、动力系统、防碰系统、循环系统、液面监测系统等，确保盐层扩眼作业期间不会发生设备故障。

（3）在钻台上准备好防喷单根（立柱），检查好旋塞、变扣是否连接正确、扣型符合要求、紧固到位，防喷单根（立柱）放在便于起吊抢接的位置，不被其他物体遮挡。

3. 盐层扩眼井控操作

（1）液压扩眼器以上的钻井工具需要确保投球通过，保证后期若发生溢流、井漏等复杂情况时能及时有效得到处理。

（2）钻井液工和录井联机员严格按照目的层坐岗制度加密监测液面，及时发现溢流和井漏。

（3）在裸眼段起下钻，司钻应控制起下钻速度，防止因抽汲或过大的激动压力造成溢流、井漏，必要时及时汇报值班干部，同时值班干部、工具服务方在钻台做好盯防工作，一旦出现复杂情况，第一时间指导处置。

（4）钻头出套管鞋前，在井口钻具接入旋塞和浮阀（旋塞在下，浮阀在上），近钻头安装浮阀。

（5）下钻期间，视井下情况合理安排顶通频次，顶通期间司钻要缓慢开转盘开泵，同时记录好顶通压力；严禁开泵过猛，防止地层憋漏或者憋泵。下钻到底应缓慢开转盘开泵顶通后，再逐渐提至正常排量（排量不能超过地面测试时排量），防止因开泵过快憋漏地层；开泵正常后及时排污，并及时记录排污量，为后续作业提供依据。

（6）下钻或中途顶通循环期间若发现井漏时，井队应及时通知录井队或者组织井下液面监测队对环空、水眼进行液面监测；同时根据漏速大小采取相应措施，明确吊灌方式、吊灌量，加强环空、水眼液面监测频次，做好环空、水眼液面高度记录；现场备足堵漏材料、钻井液，及时向井筒内灌注钻井液，保证液柱压力大于地层压力，并做好因漏转溢的预防控制措施。对于现场使用旋转控制头的井，井漏失返后，可使用旋转控制头起钻至安全井段，期间按起出钻具体积的1~1.5倍吊灌，每10min核对一次井下液面情况。

（7）起下钻、扩眼作业过程中若发生溢流显示，按照《塔里木油田钻井井控实施细则》起下钻杆过程中发生溢流关井程序，实施关井。

（8）关井后及时汇报并研究制定下一步措施。

4. 注意事项

（1）发生异常，把发现溢流及时关井作为第一要务，工作安排要能及时发现溢流，确保能迅速关井。

（2）随钻扩眼作业突发异常及时调整钻井参数，现场安排专业技术人员钻台值班。

（3）扩眼结束后，起钻到管鞋位置，操作人员提前控制起钻速度，发现异常及时下放，并通知现场服务人员，由现场工程师与相关技术人员沟通分析后进行操作。

七、盐层通井

1. 井控风险

（1）起钻速度过快产生抽汲作用而引发高压盐水溢流风险。

（2）下钻速度过快产生激动压力而引发薄弱地层漏失，进而发生既漏失又溢流的风险。

2. 盐层通井前准备

（1）下钻通井前，现场管理层人员组织钻台大班（机械工长）等专业人员根据设备专项检查表，检查好钻机提升系统、动力系统、防碰系统、循环系统、液面监测系统等，确保盐层通井期间不会发生设备故障。

（2）现场平台经理、钻井工程师召开通井前交底会，明确通井期间注意事项，进行任务安排，要求分工明确、任务清晰、确保通井作业过程中的风险均能识别、管控到位。

（3）在钻台上准备好防喷单根（立柱），检查好旋塞、变扣是否连接正确、扣型符合要求、紧固到位，防喷单根（立柱）放在便于起吊抢接的位置，不被其他物体遮挡。

（4）通井前检查好井口防喷器组及控制系统，确保处于正常待命工况。

3. 盐层通井井控操作

（1）近钻头安装浮阀，钻头出套管鞋前，在井口钻具接入旋塞和浮阀（旋塞在下，浮阀在上）。

（2）在裸眼段起下钻，应控制起下钻速度，防止抽汲或激动压力造成溢流、井漏，值班干部在钻台做好盯防工作。

（3）每次下钻到底应缓慢开泵，防止憋漏地层，开泵正常后及时排污，并及时记录排污量，为后续作业提供依据。

（4）起钻前测油气上窜速度，达到安全起钻条件。

（5）钻井液工和录井联机员严格按照目的层坐岗制度加密监测液面，及时发现溢流和井漏。

（6）下钻或中途顶通循环期间发现井漏时，井队应及时通知录井队或者组织井下液面监测队对环空、水眼进行液面监测；根据漏速大小采取相应措施，明确吊灌方式、吊灌量，加强环空、水眼液面监测频次，做好环空、水眼高度记录；现场备足堵漏材料、钻井液，及时向井筒内灌注钻井液，保证液柱压力大于地层压力，并做好因漏转溢的预防控制措施。对于现场使用旋转控制头的井，井漏失返后，可使用旋转控制头起钻至安全井段，期间按起出钻具体积的 1~1.5 倍吊灌，每 10min、15min 监测一次井下液面。

（7）起钻前做好钻井液维护工作，循环至少 1.5 周，打稠浆，保障进出口钻井液密度差不大于 $0.02g/cm^3$，钻井液出口断流，无异常。

（8）必要时，需短起静止观察掌握地层蠕变规律，若静止观察期间发生溢流，按《塔里木油田钻井井控实施细则》相应程序，实施关井。

（9）通井过程中若发生溢流显示，按照《塔里木油田钻井井控实施细则》起下钻杆过程中发生溢流关井程序，实施关井。

（10）根据设计，若要求进行地层承压能力评估，应确保地层承压能力满足后续施工要求。

4. 注意事项

（1）掌握好起下钻时间，井队管理层要熟悉地层蠕变速率。

（2）起下钻发生异常，把发现溢流及时关井作为第一要务，工作安排要能及时发现溢流，确保能迅速关井。

八、盐层电测

1. 井控风险

（1）测井前，井筒准备不充分，没有短起下测油气上窜速度，安全作业时间不足。

（2）测井期间没有及时向井内灌浆，测井所用时间超过安全测井时间，测井期间发生溢流的风险。

（3）测井期间，工序转换环节多，期间关井动作较为复杂，溢流、井涌时可能关井不成功的风险。

2. 盐层电测前准备

（1）盐层钻进优选油基钻井液，减少盐层溶解造成的井径不规则及井壁坍塌。

（2）选择能平衡地层压力的钻井液密度。一是压稳高压盐水层，避免电测期间盐水侵，二是减少盐层蠕变缩径造成仪器卡阻。

（3）准备电测起钻前，要充分循环钻井液至少1.5周，维持原钻井液性能不做大的调整。

（4）循环钻井液性能稳定，振动筛无岩屑后，短起下测安全时间（前期钻盐层过程中要把钻开盐层的时间记录好，利用后期的起下钻遇阻情况判断该层的蠕变时间，为后期安全施工作参考），安全时间不足则提密度或者扩眼，满足测井安全时间后再起钻实施电测作业。

（5）起钻前钻井液工坐好岗，连续灌浆，确保液柱压力能平衡地层压力，不能因起钻降低井底压力。

（6）起完钻观察井口稳定，与测井队做测井准备，挂滑轮、电缆。

3. 盐层电测井控操作

（1）测井前井队与测井队制定测井井控技术措施，并对班组人员进行技术交底，电测前井队与测井方各岗位开展测井的溢流关井联合应急演练，演练合格后方可开始电测作业。

（2）测井队把地滑轮固定牢靠，井队配合把天滑轮提到规定高度，刹死游动系统，配合测井队在井口组装仪器，组装仪器过程中井队与测井队密切配合，防止井口落物，记录好入井仪器草图。

（3）按照测井方案组装好仪器串后开始仪器入井作业，在下仪器过程中钻井液工坐好岗，用专用计量罐记录入井仪器的排替量，如返出量大于入井仪器的体积，钻井液工及时汇报。

（4）测井期间按照测井技术措施要求，定期向井内灌浆，并做好计量判断井下是否平稳正常。

（5）提测井仪器，每30min灌满井筒，核对灌入量和起出电缆体积是否相符。

（6）测井时间长，井下安全时间不能满足，或测中子源前要进行一次通井作业，确保后期安全测井。

（7）传输电测起下钻按照正常钻进时的起下钻操作程序，钻井液工坐好岗做好灌浆、返出量的核实。

（8）传输电测，下钻时控制下放速度，防止过大激动压力造成井漏，若发现漏失，吊灌起钻，钻井液量充足则持续灌浆，钻井液量不足则按照起出钻具体积2倍灌浆，保持井筒液柱压力。

（9）测井期间，应每30min向井内灌满钻井液，保持环空液面相对稳定，多项目测井所需时间超过安全测井时间的，要中途通井循环排除后效；钻井液工和录井联机员严格按照坐岗制度监测液面，发现异常及时向当班司钻汇报。

（10）测井时发生溢流，总包井由钻井队值班干部、日费井由钻井监督根据溢流情况决定何时剪断电缆，实施关井，钻井队和测井队应全力配合。

（11）电缆测井发生溢流，应立即停止测井作业，以能实现最快安全关井为原则，在条件允许的情况下可尽快起出井内电缆，实施关井；条件不允许时，按《塔里木油田钻井井控实施细则》电缆作业溢流关井程序，实施关井。

（12）钻杆传输测井发生溢流，应立即停止测井，以能实现最快安全关井为原则，条件允许的可尽快起出井内电缆；条件不允许的，按《塔里木油田钻井井控实施细则》钻杆传输测井（电缆在钻具外）溢流关井程序，实施关井。

（13）关井后及时汇报并研究制定下一步措施。

4. 注意事项

1）电测遇阻

(1) 根据井眼情况，在仪器及电缆允许的情况下反复试冲或起出电缆改变仪器串后再试。

(2) 起出电缆通井、洗井。

2) 电测遇卡

(1) 在设定的电缆弱点张力范围内，反复活动电缆，避免将电缆拉断。

(2) 活动无效后，井口切断电缆，实施穿心打捞。

(3) 测井期间所有操作应在安全时间允许范围内进行。

九、盐层下套管

1. 井控风险

(1) 下套管、送入管柱过程中速度过快导致激动压力过大，引起井漏、漏转溢的风险。

(2) 井内套管较少，发生溢流关井套管上顶的风险。

(3) 下套管遇阻卡，关井位置不合适的风险。

(4) 需要抢接防喷单根时，套管扣对扣、上扣困难，延误关井时间，导致关井不及时的风险。

2. 盐层下套管前准备

(1) 套管到井后工程师认真核实套管的数量、尺寸、规格是否与设计相符。

(2) 编写下套管策划，组织井队与下套管作业方进行技术交底。

(3) 下套管前需换装套管封芯，并试压合格，井队与下套管作业方进行下套管关井应急演练合格后才能进行下套管作业。

(4) 下尾管可不更换闸板封芯，但要准备套管与钻杆连接的整体式变扣接头，对班组岗位进行溢流应急抢接演练合格，将防喷单根或防喷立柱置于应急状态。

(5) 下套管前必须压稳油气层，根据井下状况和油气藏条件将油气上窜速度控制在安全范围内，钻井液密度不能平衡地层压力或油气上窜速度不满足要求时，可适当加重浆或采用随钻封堵材料，并通过短起下钻进行验证，确保压稳油气层，当地层漏失压力和孔隙压力差值很小容易发生井漏时，应考虑调整或改进工艺予以解决。

3. 盐层下套管井控操作

(1) 钻井液工和录井联机员严格按照坐岗制度监测液面，及时发现溢流和井漏。

(2) 下套管司钻平稳操作，控制下放速度，严禁猛提猛放，灌浆时每根套管都要灌满，每 10 根检查灌满一次，下送入钻杆一般每 5~10 柱灌满一次。

(3) 下套管过程中钻井液工及时核对下入套管的体积与返出钻井液量，中途间断顶通、循环，发现溢流立即报警。

(4) 作业过程中，发现溢流后按照《塔里木油田钻井井控实施细则》下套管、筛管作业发生溢流关井程序，实施关井，套管不足 1000m 及时打好死卡防止上顶。

(5) 关井后及时汇报并研究制定下一步措施。

4. 注意事项

(1) 保持井眼畅通，保证井下液柱压力始终能平衡地层压力，钻井液工在下套管全程坐好岗。

（2）套管循环头的抗拉强度与套管串重量要匹配，事先进行强度校核，防止发生拉脱、断裂事故。

十、盐层固井

1. 井控风险

（1）固井施工期间溢流、漏转溢的井控风险。

（2）候凝期间失重，环空静液柱压力降低，地层流体外溢，导致井控风险。

2. 盐层固井前准备

（1）编制固井施工设计，合理设计水泥浆密度、注替排量、领尾浆界面等，明确溢流、井漏等突发情况的处置。

（2）固井注水泥前要充分循环，根据油气显示及后效情况，认真计算油气上窜速度是否符合《塔里木油田钻井井控实施细则》要求，如不符合，要循环排后效，直至循环干净、井内畅通、后效显示正常。

3. 盐层固井井控操作

（1）固井施工前，钻井监督、固井监督组织井队及相关方开展技术交底，井队、固井队组织生产班组开展技术交底。

（2）根据地层承压能力、钻井液密度、固井水泥浆密度、油气水显示情况、井控装备情况、地面设备设施情况、重浆及加重材料储备等情况，在固井施工过程中始终保持井底压力等于或略大于地层压力，保证固井作业期间压稳油气水层。

（3）固井施工期间坚持坐岗，认真复核注入量和返出量，如发生井漏，可采取适当降排量继续施工，注替到位后根据情况决定是否反挤固井施工。

（4）固井注替过程中，严格做好正反计量工作，发现溢流，立即停泵关井；关井后缓慢启动泵，打开节流管汇通道，转入控压固井，固井结束后要及时控压提出中心管、节流循环排除喇叭口以上混浆。

（5）流体活跃的地层固井后，应计算候凝期间水泥浆胶凝失重值，合理设计关井候凝或憋压候凝时间，保证候凝期间能够压稳地层，避免流体外溢。

4. 注意事项

（1）严格按固井设计参数施工。

（2）提前制定溢流、井漏针对性应对措施。

第三节　钻开油气层验收环节井控风险与防控措施

钻开油气层会直接面临油气溢流的井控风险。为确保井控安全，必须在钻开油气层前做好相关井控准备，并要求在钻开油气层前对作业设备、压井材料和钻井队伍的井控能力进行全面的验收。验收包括七部分内容：井控关键岗位人员验收；设备验收；重浆、加重材料、除硫剂等应急材料储备验收；录井监测系统验收；硫化氢防护监测系统验收；措施、预案及技术交底验收；应急演练验收。本节详细阐述了各个环节的井控风险和具体验收步骤、验收重点，并对相关注意事项进行了说明。

一、验收前准备

(1) 由业主单位、监督中心、勘探公司成立联合验收小组;由业主单位牵头,组织地质人员、甲乙方工程(井控)人员、井控装备人员共同组成检查验收小组(业主单位选派本单位井控专家任验收小组组长)到钻井现场进行验收。

(2) 钻井队提前检查钻机设备是否按要求配备,录井队检查录井设备、传感器配套齐全完好。

(3) 钻井队应按照《塔里木油田钻井井控实施细则》、钻井现场隐患排查清单组织进行全面的检查,并填写自查清单,问题全部整改合格后方可进行钻开油气层的申报。

二、井控关键岗位人员验收

1. 井控风险

现场井控关键岗位人员井控技能不足、经验欠缺,且不能形成互补,若无法准确识别井控风险,制定完善的风险防控措施,并严格执行,将会产生重大井控险情。

2. 验收前准备

(1) 业主单位组织2~3人成立人员能力评估小组。

(2) 评估形式:书面考试、实际操作、交流访谈、工作经历分析四种方式进行综合评估。

(3) 被评估人员:工程监督、承包商井控专家、平台经理(书记)、平台副经理、工程师、大班司钻、正副司钻、钻井液工、录井队长、联机员。

3. 验收流程

(1) 工程监督上井前由监督中心组织开展培训和初评,合格后报业主单位组织评估,能力评估合格的工程监督,业主单位根据能力强弱、单井井控风险高低,合理派驻各个单井。

(2) 承包商井控专家、平台经理(书记)、平台副经理、工程师、正副司钻、钻井液工等由所属承包商组织开展培训和初评,合格后报业主单位组织评估。

(3) 录井队长、联机员由所属承包商组织开展培训和初评,合格后报业主单位组织评估。

(4) 评估结果:综合得分70分以上为合格,不合格人员不能上岗。

4. 注意事项

(1) 若开钻验收时已对相关人员进行能力评估,可不重复开展。

(2) 人员能力评估小组成员应由经验丰富、技术过硬的相关井控技术人组成。

三、设备及井控装备验收

1. 井控风险

(1) 提升系统、动力系统、钻井液循环系统不能满足关井、压井要求。

(2) 井控装备、高压管汇、井口工具配套不能满足关井、压井要求。

2. 验收前准备

(1) 由工程监督、应急中心前线服务人员、业主单位井控技术人员组成验收小组。

（2）勘探公司装备科及钻井工程师提前检查钻机设备是否按要求配备。

（3）现场准备好《钻开油气层申报审批资料本》，验收前由钻井工程师按照井控装备检查内容提前逐一检查并签字确认。

3. 验收步骤

（1）设备检查：检查钻机设备是否按照《钻井工程设计》要求进行配备；检查地面高压管线压力等级是否满足压井要求并具有检测、探伤报告；重浆罐及井浆罐是否可直接上水，计量罐及胶液罐容积不大于 20m³；天车、转盘、井口三点一线偏差不大于 10mm。

（2）资料检查：查验钻井队自检自查清单，掌握井控装备自检自查情况。检查井控设备送井清单、试压合格证、试压曲线等井控装备资料；检查井队验收井控装备时是否按钻井井控实施细则第三十一条要求留存相关资料。

（3）现场检查：对照《钻开油气层申报验收审批资料本》开展井控装备安装、试压、调试是否符合标准；内防喷工具、硫化氢防护用品是否按要求配备；井控辅助监测设备是否满足现场需求；井控装备验收完检查人员在《钻开油气层申报审批资料本》中相应检查内容后签字，确保检查落实到位、可追溯；现场验收不满足要求的井控装备应立即整改，整改完方可钻开油气层，严禁井控装备带病作业。

4. 注意事项

（1）重点检查现场提升系统和钻井液循环系统能否满足关井、压井需求。

（2）所有井控装备必须处于正常待命工况。

（3）验收时应做防喷演习，检验设备及井控装备的可靠性和人员应急处置能力。

（4）冬季应做好设备及井控装备冬防保温工作，按照要求逐一检查，确保设备及井控装备的可靠运行。

四、重浆、除硫剂、加重材料等应急材料储备验收

1. 井控风险

重浆、加重材料、除硫剂储备不满足钻井设计的要求，目的层作业期间一旦发生井漏、溢流、硫化氢外溢、井控装备失效等井控复杂及故障时，现场不具备第一时间应急反应的条件，极易给井控工作带来被动局面甚至加剧井控复杂。

2. 验收前准备

（1）由工程监督、勘探公司井控专家、业主单位钻井液管理人员组成验收小组。

（2）验收前由井队开展自检自查。

（3）现场准备好《钻开油气层申报审批资料本》，验收前由钻井工程师按照重浆、除硫剂、加重材料检查内容提前逐一检查并签字确认。

3. 验收步骤

（1）根据《钻井工程设计》，结合《塔里木油田钻井井控实施细则》查验现场重浆、加重材料的储备和维护是否满足要求。

（2）根据《钻井工程设计》，结合《塔里木油田钻井井控实施细则》查验现场除硫剂的储备和井内加量 pH 值是否满足要求。

（3）控压作业井，储备重浆密度比设计上限高 0.15g/cm³ 的重浆 100m³ 以上。

（4）塔标Ⅰ、塔标Ⅱ井身结构，地面储备井浆密度为井筒密度钻井液，数量为井筒

容积的1.5倍；塔标Ⅲ井身结构，地面储备井浆密度为井筒密度钻井液，数量为井筒容积的2倍；储备非参与循环的新浆有效量不低于30m³（除硫剂加量5%）；储备优质坂土浆100m³（含量不低于10%）。

（5）其他材料储备：生石灰2t、烧碱5t、稠浆塞材料2t、除硫剂10t以上（井浆预处理后）；抗温材料及土粉满足配制600m³井浆需求量（抗温材料加量不低于5%）。

（6）查验连通的泥浆罐有效容积能否满足溢流、井漏压井的需求。

4. 注意事项

注意检查台账是否相符、材料是否分类有序摆放、并进行了上盖下垫的防措施。

五、录井监测系统验收

1. 井控风险

录井设备不能满足发现溢流、井漏及气测异常监测的要求。

2. 验收前准备

（1）验收前由录井公司领导组织录井队开展自检自查。

（2）由业主单位地质人员、地质监督组成验收小组进行验收。

3. 验收步骤

（1）资料检查：相应的设备是否具有检测报告或者标定曲线记录，是否留存相关仪器设备标定记录（检测报告是否有效，标定记录点数、线性关系是否符合Q/SY 02113—2017《综合录井仪校验规范》要求）；是否按要求对各传感器设备进行巡检和校验（连续录井时间大于90天、体测量单元每次故障维修后、起下钻期间和每次开关机前后时间超过2h均应进行校验；硫化氢传感器每7天进行1次现场校验，每次故障维修后应进行校验；钻井液参数测量单元与钻井工程参数测量单元根据需要进行校验，每次故障维修及更换传感器后应进行校验）。

（2）现场检查：按照检查表要求重点检查脱气器、脱气管线、出口流量、温度、密度、电导、泵冲、绞车、悬重、转盘转速、扭矩、立压、套压、钻井液池体积、固定式硫化氢检测仪、溢流及硫化氢一键报警器、色谱等相关传感器，确保安装位置合理、可靠并工作正常，所有设备均应满足防爆要求；绞车、悬重、立压、套压、钻井液池体积、固定式硫化氢等关键部位传感器要求有备用；现场对色谱、硫化氢传感器进行注样检查，误差要符合标准要求。

4. 注意事项

（1）为保证井漏、溢流的及时发现，考虑到部分井受钻井液气泡影响，验收时注意钻井液池体积传感器是否能准确监测液面变化；对于气测异常的监测，色谱及硫化氢传感器一定要现场检查校验，同时驻井地质监督做好后期施工过程的校验及跟踪。

（2）脱气管线入口接在脱气器出口上，不允许接在液气分离器取样口。

六、硫化氢防护监测系统验收

1. 井控风险

录井队固定式硫化氢防护监测仪器配备不齐全或者安装位置不合理，不能第一时间准确监测到硫化氢外溢及其浓度，达不到及时、准确报警作用，若便携式硫化氢监测仪报警未发现或报警滞后,极易导致人员、装备、钻井工具受损,产生不可逆风险。

2. 验收前准备

(1)由井队 HSE 监督、工程监督、地质监督组成验收小组。

(2)验收前由井队、录井队开展自检自查。

3. 验收步骤

1)录井队硫化氢防护监测系统验收

(1)录井坐岗房配置溢流一键报警装置及声光报警装置,且声光报警仪架设高度应超出录井仪器房顶 0.3m。

(2)配备便携式硫化氢监测仪 2 台,固定探头 5 套。

(3)固定式硫化氢监测仪至少在钻井液出口、钻井液循环罐、钻台、圆井、录井房处钻井液槽出口上方,探头安装在距缓冲罐液面 10~30cm 的上方;钻井液循环罐固定式硫化氢传感器安装在上水罐入口处,探头安装在距钻井液罐面 25~35cm 的上方;钻台固定式硫化氢传感器安装在钻台司钻房正面朝井口处,探头高度距钻台面 45cm;圆井固定式硫化氢传感器安装在圆井安全盖板之上,探头安装在距圆井安全盖板 30~100cm 的上方,距井口中心小于 1.5m;录井房固定式硫化氢传感器安装在录井房色谱放空管线处;所有传感器感应探头垂直朝下。

(4)配备正压式呼吸器 2 套。

2)钻井队硫化氢防护监测系统验收

(1)钻井液坐岗房配置溢流一键报警装置及声光报警装置,达到硫化氢报警浓度后,第一时间声光报警方式告知司钻。

(2)探井和高含硫化氢地区井,配备 6 台及以上的便携式硫化氢监测仪(其中至少有一台量程达到 1000ppm),另需配备 1 套声光报警装置和 1 台便携式 SO_2 监测仪;配备不少于 8 台防爆轴流风机(风机直径不小于 600mm,钻台上、圆井旁、振动筛、上水罐等处各摆放 2 台,具体摆放方位以能快速吹散有毒有害气体保护人身安全为宜),配备充气泵 1 台,负责为现场所有服务队伍的正压式呼吸器充气,配备手摇报警器 3 台以上(与设置的紧急集合点数量相同);正压式呼吸器应至少按照当班在岗人数 100% 配备,另配 20% 备用正压式呼吸器,有效供气时间应大于 30min。

(3)含硫油气井在井场入口处应悬挂硫化氢提示牌、紧急撤离路线图。

4. 注意事项

(1)井队营房摆放应距井口 600m 以外,且生活营房至少配备便携式硫化氢监测仪 2 台。

(2)钻井现场应设置醒目的风向标,同时配备不少于 8 台防爆轴流风机,所有紧急集合点处均应配置手摇报警器。

(3)固定式硫化氢监测仪一年校验一次,便携式硫氢监测仪每 6 个月校验一次。若硫化氢监测仪使用达到满量程后,应重新校验;若数字显示不能回零的,应更换探头并校验合格方能重新投入使用。

七、措施、预案及技术交底验收

1. 井控风险

措施、预案未全面识别各种工况下的井控风险,不能有效控防范井控风险。技术交底未落实到具体操作岗位，岗位操作人员不清楚各工序井控风险和防范控制措施。

2. 验收前准备

（1）由工程监督、地质监督、勘探公司井控专家、业主单位井控专家组成验收小组。

（2）验收前勘探公司领导对所验收井开展技术交底。

（3）验收前井队向生产班组及相关协作方做技术交底。

3. 验收步骤

（1）根据钻井设计中井控设计内容的井控要求、井控风险识别和措施对照验本井措施、预案，是否将各工序井控风险识别清楚，对应控制措施是否能有效控制住风险，是否在各种工况下能及时发现溢流、正确迅速关井。

（2）查验井队技术交底会召开和交底具体情况，相关人员是否全部参会，各工序的井控风险和控制措施是否交代清楚。

（3）抽查现场骨干人员，通过问询交流，落实井队相关岗位人员对本井任务和风险是否掌握。

4. 注意事项

（1）预案、措施必须结合工程设计和井队实际情况编制，严禁照搬照抄、严禁脱离安全生产实际的预案、措施。

（2）措施、预案必须完成审批，技术交底留有相关记录。

（3）协作方应参加技术交底，做好井控相关人员到位、物资储备、装备设施准备等工作。

八、溢流关井应急演练验收

1. 井控风险

作业班组和在井干部按照井控实施细则进行井控演练不到位，井控应急程序、应急操作不熟练，井控应急能力不能满足正确迅速关井要求，可能导致应急关井失败。

2. 验收前准备

（1）由工程监督、地质监督、勘探公司井控专家、业主单位井控专家组成验收小组。

（2）验收前由勘探公司井控专家督导现场开展应急演练。

3. 验收步骤

（1）由验收小组成员对照《塔里木油田钻井井控实施细则》第一百条规定的各工况硬关井程序书面抽考现场骨干人员，了解其各工序井控应急程序的掌握情况。

（2）根据现场工况进行对应工序溢流关井实战演练，在各岗位上旁站，观察操作动作是否正确熟练。

（3）井队按照关井程序关井后，在防喷器远程控制台进行模拟关剪切闸板演练，观察口述是否正确。

（4）演习结束后岗位人员返回岗位工作，验收人员汇报各岗位操作情况，由验收小组组长根据演习情况讲评，提出演习中的不足。

4. 注意事项

（1）开、关井程序严格执行《塔里木油田钻井井控实施细则》中规定的各工况硬关井程序正确关井；如配有"铁钻工"+液压吊卡的，要注意关井的正确操作步骤。

（2）井控装备没有全部处于正常待命工况，不能满足正常关井、开井要求，关键岗位人员处置溢流应急能力不足，防喷演习不合格，不允许钻开油气层。

第四节　山前高压气井目的层钻进井控风险与防控措施

山前高压气井在目的层作业过程中，可能发生溢流、井漏后转溢流等多种井控风险，是井控风险较高的作业阶段。本节结合山前高压气井目的层钻进过程中正常钻进、起下钻、取心等几种典型作业工况，阐述了作业过程中需要识别的井控风险、控防措施，以及在发生卡钻、断钻具等井下故障时切实有效的应对办法。

一、正常钻进

1. 井控风险

（1）钻井时发生油气侵，导致液柱压力降低，引发溢流。
（2）钻遇异常高压，发生油气溢流。
（3）钻进时发生井漏，导致液柱压力降低，引发溢流。

2. 正常钻进前准备

1）工艺方面

（1）钻井液密度、性能、数量要求，参照邻井实钻压力系数，结合压力预测，钻井液密度执行《塔里木油田钻井井控实施细则》钻井液密度附加安全值的相关要求。
（2）钻开目的层前，按照钻井设计的要求调整钻井液性能，储备钻井液、堵漏材料等。
（3）目的层按《塔里木油田钻井井控实施细则》相关要求，坚守"九个不钻开"原则。

2）装备方面

（1）按照油田钻井工程设计配套安装防喷器组、内防喷工具等井控装备并试压合格。
（2）钻具组合应安装近钻头浮阀，在钻头出管鞋前再分别安装一只旋塞和浮阀，井场备用两只浮阀阀芯，钻台备好与井内钻具尺寸相对应的防喷单根（立柱）及备用旋塞。
（3）钻开目的层前原则上安装旋转控制头并试压合格，为控压作业、活动钻具和带压起下钻创造条件。
（4）钻开油气层前钻井队准备与方钻杆、相应钻具匹配的钻具死卡，钻开油气层前工程师指导每个班组至少进行一次钻具死卡抢装演习，确保各班熟练操作。
（5）钻开目的层前1天录井队或液面监测队应将井下液面监测设备调试到正常状态，一旦发生井漏失返，15min内实施监测。

3. 正常钻进井控操作

（1）目的层钻进原则上配备顶驱，并采用接单根的方式钻进，接单根前，原则上钻余不小于5m，留有处理复杂的空间，钻进作业期间必须保证井口接有下旋塞。
（2）目的层钻井液工和录井联机员执行《塔里木油田钻井井控实施细则》坐岗有关规定，钻井液工两人专职坐岗，钻进时单罐上水，录井队坐岗应加强出口流量变化、油气水显示等监测，发现液面上涨立即启动一键报警装置，司钻立即按照《塔里木油田钻井井控实施细则》钻进中发生溢流关井程序，实施关井。
（3）钻进中出现钻速突然加快、钻井液性能变化、气测值升高，应立即报告当班司钻和井队值班干部，由地质和钻井技术人员进行分析判断，汇报业主单位项目负责人后采取相应措施，期间若发现液面上涨，立即按照《塔里木油田钻井井控实施细则》钻进过程中发生溢流关井程序，实施关井。

（4）溢流关井后，按照《塔里木油田钻井井控实施细则》溢流发现及关井、汇报、处置要求的相关规定执行。

（5）若钻进新地层后首次全烃高于30%，应停止钻进，关井观察，若无套压，则循环排后效后方可进行下步施工作业，若有套压，根据现场实际情况合理调整钻井液密度。

（6）钻进时，出现悬重大幅下降，泵压上升的典型钻遇异常高压的状况，司钻应立即停止钻进，上提钻具，关井观察。

4. 钻进中发生井漏井控操作

（1）钻进期间发现井漏立即报告司钻和值班干部，现场技术人员确认漏失严重程度，液面在井口时，可循环测漏速，严重漏失及时吊灌起钻进套管鞋内或安全井段，根据漏失情况制定有针对性的堵漏措施，采用包括静堵漏、降密度、随钻堵漏、段塞堵漏、高强度桥浆堵漏等方式实施堵漏。

（2）如果地层压力明确、井控风险可控，过平衡时，可降密度后，起钻至套管鞋内后静止堵漏4~6h，小排量顶通后测漏速；如果大漏或无法建立循环，泵入段塞替出钻具后，起钻到段塞面以上，静止堵漏4~6h，小排量顶通后测漏速；如果不漏或微漏，可以0.02g/cm³为台阶，逐步降密度；降密度过程中注意观察液面的变化和气测显示的变化，如果气测有明确的升高趋势，原则上不再降密度；钻井液密度每次降低0.05g/cm³后，推荐下钻通井一次，以确定井壁稳定情况，如果掉块明显增多，原则上不再降密度。

（3）如果不具备降密度条件，当漏速小于3m³/h时，可以采用随钻堵漏方式继续钻进，下钻到井底，小排量顶通后，开泵循环，钻井液上水罐加入刚性随钻堵漏剂；待堵漏剂出钻具后观察漏速是否减小，如果漏速减小，就可以继续钻进；如果漏速未减小，转入段塞堵漏；随钻堵漏钻进期间，调节振动筛，让约1/3的钻井液过振动筛，满足捞取岩屑的要求，其余钻井液进入上水罐后继续参与循环；随钻堵漏钻进之前，准备60m³干净钻井液，在需要长时间停止循环（起钻、静止观察、憋压候堵等工况），保证钻具内替入干净钻井液，防止堵钻具水眼。

（4）如果随钻堵漏不能改善漏失情况，或漏速大于3m³/h时，采用段塞法堵漏，钻具在井底，循环替入30m³高浓度堵漏浆段塞至井底，保证堵漏剂替出钻具；起钻至套管内或安全井段静止堵漏8~12h，静止期间每半小时吊灌和顶通水眼一次，防止有堵漏剂堵水眼，并确保液面（环空及水眼）均在井口，保证液柱压力，避免隐蔽性溢流；候堵8~12h后，小排量开泵顶通，循环测漏速，如果不漏或漏速在3m³/h以内，循环至排除后效后继续钻进，下钻至井底循环排除后效后继续钻进；如果漏速仍超过3m³/h，则转入桥浆堵漏。

（5）如果段塞堵漏无法改善漏失情况，采用高强度桥浆堵漏。

（6）起钻后下入光钻具加铣齿接头，起钻期间以1.5~2倍钻具容积连续灌浆（含水眼），并核对灌入量，以不漏或微漏为宜，如果发现少灌浆，则关井观察（水眼接井口旋塞）；根据漏失情况，配有效量15~20m³的高强度桥浆堵漏剂，推荐裸眼段容积附加5m³；下钻至离套管鞋10m，小排量开泵顶通后如果能建立循环则循环排除后效，如果不能建立循环则准备堵漏；以尽量高的排量替入高强度桥浆堵漏剂，在堵漏剂出铣齿接头之前，

$2m^3$，降低替浆排量至 5~10L/s，关闭环形防喷器，关闭闸板防喷器，并打开节流管汇上低量程压力表，打开环形防喷器；继续替浆至堵漏剂进地层套压升高时，根据套压的变化情况以及吃入量随时调整替浆排量；如果堵漏浆全部出铣齿接头，停泵，关闭立管阀门（能读立压），憋压候堵 6~8h，专人每 10min 记录立压和套压变化值；如果堵漏浆没有全部替出铣齿接头，已经达到设定的最高套压，则开井循环排堵漏浆；候堵结束后，泄压开井，小排量顶通后循环排后效，下钻到底循环排堵漏剂；如果下钻遇阻，则划眼并分段循环排堵漏剂；若起钻应测油气上窜速度。

（7）发现井漏和堵漏期间，钻井液工负责在出口连续观察，另外采用井下液面监测技术加密检测井内是否发生隐蔽性溢流，发生井漏转溢流情况时立即报告司钻，迅速关井。

（8）溢流关井后，及时向上级汇报，确定处置措施并尽快实施。

5. 注意事项

（1）钻进过程中如发生卡钻故障，要考虑解卡剂对钻井液液柱压力降低的影响，保证井内液柱压力不小于地层压力。

（2）钻进发生溢流时，提升系统发生故障，钻具不能上提至正常关井位置，立即设法上拉或下压钻具至能够满足正常关井位置，实施关井，确实无法到达正常关井位置，则仅关闭环形防喷器，实施关井，并立即向上级汇报，迅速研究确定压井措施，并尽快实施压井。

二、起下钻

1. 井控风险

（1）钻井液密度不满足安全起下钻要求，起下钻时间超过安全时间，地层流体大量侵入井筒造成液柱压力降低发生溢流或气体运移膨胀导致溢流。

（2）起钻速度过快，严重抽汲，导致溢流。

（3）起钻未按要求灌浆或灌浆不及时导致液柱压力降低发生溢流。

（4）下钻速度过快，激动压力过大，造成井漏后液柱压力降低引发溢流。

（5）井漏严重液面不在井口，起下钻吊灌浆密度、吊灌量或吊罐时间控制不合理导致井漏、溢流。

（6）起下钻发生断钻具等故障处置不当，井漏引发溢流、油气置换导致溢流。

2. 起下钻前准备

（1）根据油气活跃程度和井下情况，调配合适密度的重浆、稠浆或重稠浆。

（2）井队全面检查提升系统、循环系统、刹车系统是否工作正常，检查液气大钳、B型大钳、吊卡、卡瓦等工具是否按要求保养到位；提前准备好相应材料、工具，尽可能缩短井口空井时间。

（3）按《塔里木油田钻井井控实施细则》要求开展短程起下钻测油气上窜速度，起钻前充分循环 1.5 周以上，进出口密度差不大于 $0.02g/cm^3$，掌握油气上窜速度，满足安全起下钻时间要求。

（4）注入重浆帽压水眼，确保 2~3 柱钻具空水眼。

3. 起下钻井控操作

1）液面在井口起下钻操作

（1）控制起钻速度，钻头在油气层井段和其顶部以上 300m，起钻速度小于 0.30m/s；

下钻进入裸眼井段需根据井下情况适当控制钻具下放速度。

（2）带浮阀起下钻时按照《塔里木油田钻井井控实施细则》浮阀使用相关要求操作。

（3）起下钻期间按照《塔里木油田钻井井控实施细则》相关要求认真坐岗，起下钻用 $20m^3$ 以内的单罐进行计量，并安装体积直读式液面标尺，每3~5柱钻杆、1柱钻铤核对一次钻井液灌入量，常规起钻采取连续灌浆方式灌浆。

（4）发现溢流迅速发出溢流报警信号，司钻立即按《塔里木油田钻井井控实施细则》起下钻杆过程中发生溢流关井程序，实施关井，关井后，及时向上级汇报，研究确定压井措施并尽快实施。

2）井漏液面不在井口起下钻操作

（1）起钻前提前安排录井或液面监测队适时监测液面情况。

（2）采取液面检测+吊灌的方式按1.5~2倍起出钻具体积灌入钻井液，保持井下液面相对稳定，始终保证井下处于漏失状态。

（3）其他操作按常规起下钻操作程序操作。

4. 起下钻可能遭遇影响井控安全的意外情况及应对

1）起下钻过程中钻具断裂落井

（1）目的层作业钻具落井，高激动压力引发井漏，井漏没有及时发现并正确处置会导致溢流。

（2）一旦起下钻过程中发生钻具落井故障先按《塔里木油田钻井井控实施细则》起下钻杆发生溢流关井程序，实施关井，然后灌浆监测井内液面变化情况，做打捞相关准备，确认没有溢流再开井进行打捞。

2）起下钻过程中卡钻或钻机提升系统故障

起下钻时卡钻或钻机提升系统突发故障，钻具不能上提至正常关井位置，设法下放或下压钻具至能够满足正常关井位置，实施关井，确实无法到达正常关井位置，则关闭环形防喷器，实施关井，关井观察的同时尽快组织人员排除故障，若此时发生溢流，立即向上级汇报，迅速研究确定压井措施，并尽快实施压井。

5. 注意事项

（1）起下钻中断超过30min的情况，每30min灌满井筒，记录灌入量。

（2）钻井液工应掌握起下钻中浮阀工作不正常时的钻井液量数据，判断不清的情况下应立即通知司钻。

（3）灌水眼时，要避免将空气压入钻具内，防止造成假溢流。

（4）压水眼重浆从大尺寸钻具进入小尺寸钻具会造成水眼与环空压差增加，表现出"少灌"现象，工程师应提前计算好相关数据告知钻井液工。

（5）液面不在井口，吊灌起钻，液面持续上涨，要立即分析上涨原因，若是多灌引起的液面波动，可减少钻井液灌入量，但最低不低于起出的钻具本体体积，若是油气侵入造成液面上涨，则加大灌入量或关井反挤钻井液。

三、取心

1. 井控风险

目的层取心作业一般在显示较好的层段进行，在树心、取心钻进、割心及起钻出心过程中，都存在溢流可能，尤其是发生堵心后无法建立循环的情况下井控风险极高。

2. 取心前准备

（1）检查保养好设备、仪表，确保取心一次成功，所有配件都要更换，密封圈采用耐高温的，钻头选用硬度大、耐磨性强、流道面积大的。

（2）取心前应充分循环保证井眼干净，短程起下钻检验井眼畅通情况及油气上窜情况，确保取心钻具在井内起下安全畅通。

（3）下钻到底后应先循环钻井液1周以上，调整好钻井液性能。

3. 起、下取心钻具井控操作

（1）钻井液工和录井联机员严格按照坐岗制度监测液面，及时发现溢流和井漏。

（2）取心工具在井口时：起出取心工具，按照《塔里木油田钻井井控实施细则》空井发生溢流关井程序，实施关井，关井后按照溢流汇报程序汇报。

（3）取心工具在井内时：按照《塔里木油田钻井井控实施细则》起下钻杆过程中发生溢流关井程序，实施关井，关井后按照溢流汇报程序汇报。

（4）有油气水显示或目的层取心下钻到底先循环排后效，起钻前短起下测油气上窜速度，确保下步安全作业。

4. 树心、取心钻进或割心井控操作

（1）停止树心、取心钻进作业，上提钻具割心（最大提拔吨位按照取心钻具组合和取心工具的最大抗拉强度中的最小值确定）。

（2）割心完成后发生溢流，按照《塔里木油田钻井井控实施细则》起下钻杆过程中发生溢流关井程序，实施关井。

（3）关井后按照溢流汇报程序汇报。

（4）岩心未拔断时发生溢流，则调整钻具至合适位置，按照《塔里木油田钻井井控实施细则》钻进过程中发生溢流关井程序，实施关井。

5. 注意事项

（1）出心前，将取心钻头提出转盘面，此时发生溢流，钻井队按《塔里木油田钻井井控实施细则》空井发生溢流关井程序，实施关井。

（2）岩心出筒，用岩心钳在钻台出心，如是含有害气体（H_2S等）的井，出心前监测有害气体（H_2S等）浓度，并启动排风扇形成对流，降低浓度。

（3）发现H_2S超出安全临界值（30mg/m^{3}或20ppm）时，必须佩戴正压式空气呼吸器。

第五节　台盆区目的层中完前卡层井控风险与防控措施

台盆区目的层中完前准确卡层是避免提前钻开油气层、有效控制钻井工程中井控风险的技术保障措施。台盆区目的层中完前卡层前需要做好充分准备，并按照相关中完原则进行作业。本节主要针对油气藏顶地层序列完整、地震预测的储层位置距离灰岩顶垂深较近或断裂纵向可能沟通储层、油气藏地层序列不完整三种情况，详细阐述目的层中完前卡层的井控风险、防控措施和注意事项。

一、目的层中完前卡层（油气藏顶地层序列完整）

1. 井控风险

卡层不准确，导致提前钻开油气层，存在溢流风险和井漏转溢流的风险，同时地层流体富含硫化氢，不能长时间关井，节流循环压井风险高。

2. 目的层中完前卡层准备

（1）现场制定卡层应急处置方案，并对全员开展技术交底，要求应对突发事件的人员分工明确、任务清晰，在最短的时间内完成处置。

（2）卡层前安装旋转控制头，卡层钻进安装旋转控制头。

（3）检查钻机的提升系统、动力系统、循环系统，避免卡层不准确发生突发事件导致卡钻、溢流长时间关井、堵水眼等事故事件。

（4）地质师、地质监督对卡层流程和注意事项的技术交底。

（5）落实钻井液坐岗和录井坐岗，确保卡层期间能够及时发现溢流和井漏。

（6）地震预测的储层位置距离灰岩顶垂深相对较远且设计轨迹与储层横向有一定的安全距离。

（7）卡层前开展应急处置方案演练（主要针对关井程序的演练）。

（8）加强邻井地层对比，利用实钻桑塔木组顶界深度对下覆地层由浅到深逐层进行预测。

（9）中完原则进入一间房组垂深2~4m中完，确保技术套管封固吐木休克组泥岩段。

（10）地震预测的储层位置距离灰岩顶垂深较近或断裂纵向可能沟通储层，原则上在吐木休克组中完，实钻过程中根据最新资料对一间房组顶面深度、断裂及储层的发育情况重新预测，若出现复杂情况，可考虑提前中完。

3. 目的层中完前卡层井控操作

（1）钻进过程中仔细观察钻时、岩屑、碳酸盐含量、扭矩、气测等参数资料，钻至桑塔木组底以上斜深10m左右开始控时钻进。

（2）气测首次超过30%，要及时停钻关井20min，如立套压为0，则通过旋转控制头节流循环排除后效再恢复卡层钻进；如立套压不为0，则节流循环调整钻井液密度压稳油气在恢复卡层钻进。

（3）进入吐木休克组以后要求控制井筒内岩屑数量一般不超过4m，控时钻进期间要加密岩样捞取（2包/m）和碳酸盐含量分析（2次/m），并将实钻资料与周边已完钻邻井进行对比，当岩屑发生变化且碳酸盐岩含量明显升高则判断钻揭奥陶系一间房组，钻揭垂深2~4m即可中完。

4. 注意事项

（1）卡层钻具组合中应接入可控制水眼的内防喷工具以满足控压作业要求。

（2）卡层钻进前保持钻井液pH值11以上，防止钻遇酸性气体污染腐蚀钻具。

（3）实钻卡层过程中，若钻遇油气显示、钻时突然加快等井下异常，及时停钻落实，地质、工程人员共同讨论和判断井下情况，根据实际情况确定是否提前中完。

二、目的层中完前卡层（油气藏地层序列不完整）

1. 井控风险

序列不完整的非目的层地层直接覆盖在目的层之上，目的层顶部储层发育，部分高角度裂缝断至目的层顶部，导致提前连通油气层，存在溢流风险和井漏转溢流的风险；同时地层流体富含硫化氢，不能长时间关井、节流循环压井风险高。

2. 目的层中完前卡层准备

（1）现场制定卡层不准确的应急处置方案，并对全员开展技术交底，要求应对突发事件的人员分工明确、任务清晰，在最短的时间内处置完成。

（2）卡层前安装旋转控制头，卡层钻进安装旋转控制头。

（3）检查钻机的提升系统、动力系统、循环系统，避免卡层不准确发生突发事件导致卡钻、溢流长时间关井、堵水眼等事故事件。

（4）地质师、地质监督对卡层流程和注意事项的技术交底。

（5）落实钻井液坐岗和录井坐岗，确保卡层期间能够及时发现溢流和井漏。

（6）中完原则上要求在非目的层底界以上垂深 10~15m 中完。

3. 目的层中完前卡层井控操作

（1）加强地震层位标定及预警，准确预测目的层顶界深度，结合邻井及地震响应特征预测油气显示及井漏位置发育深度。

（2）加强邻井地层对比，利用实钻上覆地层标志层深度对下覆地层由浅到深逐层进行预测，重点是目的层顶界深度。

（3）钻至距离目的层顶界深度 50m 左右时，再次利用地震预警及邻井资料对非目的层地层厚度、油气显示、井漏发育情况进行预测，根据预警情况及下部地层发育情况进行控时钻进。

（4）气测首次超过 30%，要及时停钻关井 20min，如立套压为 0，则通过旋转控制头节流循环排除后效再恢复卡层钻进；如立套压不为 0，则节流循环调整钻井液密度压稳油气在恢复卡层钻进。

（5）钻进过程中要求密切观察钻时、岩性、碳酸盐含量、气测、泥浆池体积等参数资料，控时钻进期间要加密岩样捞取（2 包 /m）和碳酸盐含量分析（2 次 /m），综合地震层位标定，及时确定中完位置。

4. 注意事项

（1）卡层钻具组合中应接入可控制水眼的内防喷工具以满足控压作业要求。

（2）卡层钻进前保持钻井液 pH 值 11 以上，防止钻遇酸性气体污染腐蚀钻具。

（3）实钻卡层过程中，若出现油气显示、钻时突然加快等异常，及时停钻落实，地质、工程人员共同讨论和判断井下情况，根据实际情况确定是否提前中完。

第六节　台盆区碳酸盐岩目的层钻进井控风险与防控措施

台盆区目的层存在溢漏同存、油气置换快、富含硫化氢、可能钻遇异常高压层等井控风险，需要特别关注钻进过程中的井控风险辨识与防控。本节从台盆区碳酸盐岩井目的层正常钻进、井漏失返、正常钻进影响井控安全的意外情况及应对措施、起下钻、取心控压钻进等典型作业工序，对井控风险辨识、安全技术措施、重点注意事项等进行了全面阐述，为现场安全作业提供了操作指南。

一、目的层正常钻进

1. 井控风险

（1）溢漏同存：压力敏感性强，安全密度窗口窄或无，溢漏同存，溢漏转换频繁，规律性差。

（2）油气置换：塔中以及塔北玉科等区块气油比高，井漏后油气置换严重，易出现气体聚集，节流循环过程易出现纯气柱及高套压。

（3）富含硫化氢：区域碳酸盐岩目的层流体普遍富含硫化氢，可能造成钻具、入井仪器硫化氢应力开裂、断裂落井、设备腐蚀，人身伤害等。

（4）异常高压：受地震精度影响，无法精确刻画断裂发育位置和识别异常高压发育情况，在目的层钻井过程中易发生井控遭遇战。断裂分支井、边缘井可能钻遇异常高压而引发重大井控险情。

（5）钻揭储层或钻遇断裂后，因钻井液密度偏低，液柱压力无法平衡地层压力，可能导致溢流，若未及时发现并关井，将导致井涌、井喷等重大井控风险。

2. 目的层钻进前准备

1）工艺方面

（1）钻井液密度、性能、数量要求。参照邻井实钻压力系数，结合压力预测，钻井液密度按《塔里木油田钻井井控实施细则》要求附加；区域第一口探井，按高开低走的原则，取设计密度区间的上限钻开目的层。

（2）钻开目的层前，按照钻井设计的要求调整钻井液性能，储备钻井液、堵漏材料等。

（3）目的层按《塔里木油田钻井井控实施细则》要求坚守"九个不钻开"原则。

2）装备方面

（1）按照油田钻井工程设计配套安装防喷器组、内防喷工具等井控装备并试压合格。

（2）井场备用两只浮阀阀芯。钻台备好与井内钻具尺寸相对应的防喷单根（防喷立柱）及备用旋塞、箭型止回阀，不小于12.5m的钻机底座高度的钻机推荐用防喷立柱。

（3）钻开目的层前原则上安装旋转控制头并试压合格，为处理溢流时活动钻具和起钻至套管鞋内创造条件，正常情况下，胶芯总成可放置钻台上备用。

（4）钻开油气层前工程师指导每个班组定期进行一次钻具死卡安装演习，确保各班熟练操作。

（5）钻开目的层前1天录井队或液面监测队将液面监测设备调试到正常状态，听候钻井队的调遣。一旦发生井漏失返，要求液面监测队伍15min内实施监测。

3. 目的层钻进井控操作

（1）目的层钻进期间，加强钻井液和录井坐岗监测溢流。

（2）钻井液工、录井联机员发现或疑似溢流，第一时间报告司钻，司钻立即按照《塔里木油田钻井井控实施细则》钻进关井程序实施正确关井。

（3）关井后，工程师第一时间按照汇报流程进行汇报，并及时收集相关数据。

（4）观察套压期间，若套压上升至 5MPa，及时安装钻具死卡。

（5）溢流关井至套压基本稳定后，且套压小于 10MPa，可采取顶开法求立压作为压井液密度选择依据。

（6）正确关井后，及时按程序汇报，等待井控专家到井指挥压井。

4. 注意事项

（1）发现疑似溢流，也要立即组织关井。

（2）关井时要确认对应封芯关闭在钻杆本体位置。

（3）溢流关井后套压大于 5MPa，严禁活动钻具，套压小于 5MPa，未经业主单位同意，无井控专家指导，严禁活动钻具。

二、钻进中后效首次全烃高于 30%

1. 井控风险

钻进中全烃持续高于 30%，可能发生严重油气侵，导致井筒内井口钻井液密度降低，液柱压力减小，使井底压力下降，若未及时发现并及时处置，将引起溢流等井控风险。

2. 钻进中全烃高于 30% 井控操作

（1）首次全烃高于 30%，立即停止钻进作业，按照《塔里木油田钻井井控实施细则》相应程序，实施关井观察，观察 20min 以上。

（2）若无异常，按照开井程序开井，通过节流管汇及液气分离器通道循环一周以上，若无异常恢复正常钻进。

（3）若关井有套压，则按照溢流压井程序进行汇报、处置。

3. 注意事项

（1）关井时要确认对应的封芯在钻杆本体位置，避免关错位置导致关井失败。

（2）若按照溢流压井程序进行处置时，现场所有操作均需在井控专家的指导下实施。

（3）钻井液工或者录井联机员发现或疑似溢流，第一时间报告司钻，由司钻立即组织关井，不得请示其他人，避免错过关井时间。

（4）节流循环压井期间跟踪好溢流物的位置，观察好套压变化情况，根据套压 5MPa、8MPa、12MPa 等阶段，采取卡好钻具死卡和反推措施。

（5）节流循环期间钻井液出口若出现纯气柱或纯原油 15~30min，立即停止节流循环，尽快实施压回法压井。

三、钻进中发生井漏

1. 井控风险

碳酸盐岩目的层裂缝溶洞发育，钻至储层易发生漏转溢；部分储集体具有定容性储集体特征时，大量钻井液漏失，地层易形成圈闭压力，后期钻井液密度越提越高，为后续钻进埋下较大井控风险。发生井漏失返时，液面下降较快，液柱压力急剧下降，钻井液与地层流体置换较快，易发生漏转溢，导致溢流事件的发生。

2. 钻进中发生井漏井控操作

1）井漏未失返

（1）可根据漏速和配浆速度，可采用边循环降密度边钻进、管鞋循环降密度等措施。

对于气油比超过1000m³/t不宜采用边循环降密度边钻进方式，应优先落实好油气显示。井漏时螺杆使用时间已超过推荐作业时间80%时，应尽量起钻更换螺杆后再降密度。

（2）循环降密度期间应及时跟踪低密度钻井液进入钻具水眼、出钻头水眼环空上返的时间节点，并监测漏速变化。

（3）正常排量下，漏速小于正常排量50%时，可采取边循环降密度边钻进方式。原则上初次井漏，漏速小于5m³/h应循环落实好液性后再确定是否降密度。漏速在5~10m³/h时，原则上按照每循环周不超过0.02g/cm³降密度；漏速超过10m³/h时，原则上每循环周0.02~0.03g/cm³降密度；若漏速超过排量的50%时，宜采用管鞋处循环或反推等方式降密度，减少井漏量。液性落实后，一般情况下应控制漏速小于5m³/h（油气置换严重，需要控制一定漏速方可保持井控安全的除外）。

（4）若循环过程中返出量增加，可直接采取控压作业。

2）井漏失返

（1）发生井漏失返后，宜第一时间连续吊灌起钻至安全井段，通过液面监测方式掌握井筒液面位置，同时安排专人持续观察出口，若灌浆量减少、出口见返等异常时，应立即发出报警信号、组织关井。连续吊灌浆起钻至安全井段（一般起钻至套管鞋附近），并监测环空液面，计算地层漏失压力系数。根据地层漏失压力系数，确定降密度方式。

（2）降密度钻井液密度选择应充分考虑压力系数和区域气油比。一般情况下，气油比较高区域（塔中、玉科、轮古）钻井液密度应高于地层漏失压力系数0.02g/cm³为宜；其他区域可根据气油比高低选择与压力系数一致或低于0.02g/cm³的钻井液，防止一次降密度过多造成较高井口压力。一般以降完密度后停泵套压2MPa以内为宜。对于可灌返情况，可在管鞋尝试建立循环，根据漏速选择降密度方式。对于无法建立循环的，可采取正注反挤等方式降密度。

（3）正注反挤降密度应先正挤水眼。一般情况下，停泵泵压应控制在2~4MPa，若超过范围应重新确定反挤钻井液密度，同时掌握地层吃入能力。

（4）采取环空反挤降密度时，应采取分段反推，根据泵压和排量分析地层吃入能力和连通性。反推中途应停泵观察套压降落情况，若停泵套压较高或回落慢，可停止反推转节流循环降密度。

（5）管鞋降完密度后，在确保井筒裸眼井段已清洁情况下，可下钻到底恢复钻进。钻进过程中要及时掌握环空上返情况和套压变化情况，对下步措施提供依据。

（6）井漏井在目的层降密度和后期钻井过程中要根据套压、漏速及时调整钻井液密度。循环期间套压长时间超过3MPa，应及时上调入口密度；对于长时间漏速超过5m³/h时，应适当下调入口密度。

（7）循环期间，应开展漏失量与套压、地层压力系数动态分析，及时掌握地层圈闭、地层连通性等变化情况。

3. 注意事项

（1）循环罐须有调配低密度空容，作业现场按要求储备能够配备足够坂土浆、胶液及钻井液材料。

（2）进入预测储层前，录井队或液面监测队按要求调试好设备。

（3）井漏后重建井内平衡过程中，坐岗人员要加密监测，防止漏转喷。

（4）液面不在井口期间应至少每15min测量一次液面，保持井下处于微漏失状态，平衡或者抑制油气上窜。

四、钻遇放空

1. 井控风险

储层钻遇放空时，一般都伴随着良好的油气显示，所以放空可能会引发溢流、井漏、漏转溢等井控风险。

2. 发生放空井控操作

（1）发生放空后，现场立即停止钻进，上提钻具至安全井段，工程师立即按照汇报程序进行汇报，并收集相关的基础数据资料。

（2）起钻至安全井段后，观察是否有溢流现象，若存在溢流现象，则先推1.5~2倍裸眼体积，再节流循环排后效，排完后效后若有套压，根据套压值的大小及现场的实际情况选择合理的钻井液密度进行下步措施。

（3）放空后若无溢流现象，则开泵小排量循环，观察是否有井漏现象，若发生井漏，则按照井漏井控操作施工作业，若无井漏现象，则进行探底施工。

（4）控压探底过程中，应将套压控制在3MPa以内，若停泵套压大于3MPa，先提高钻井液密度，将停泵套压降低至3MPa以内，方可继续进行探底施工。

（5）根据探底施工情况，若地质同意完钻，在起钻过程中严格执行灌浆要求。

3. 注意事项

（1）探底过程中，钻井液工和联机员加强液面监测，发现溢流及时关井。

（2）探底过程中，按每探1~2m，上提钻具不少于5m，保证钻头离开井底，钻进参数及液面无异常后方可继续探底操作。

（3）根据探底实际情况，出现扭矩波动异常、大段放空、溢流、井漏失返等复杂，及时向业主单位反馈，若地质要求继续探底，则可起钻简化钻具组合后继续探底施工。

五、起下钻

1. 正常起下钻

1）井控风险

（1）钻井液密度不满足安全起下钻要求，起下钻安全时间不足，导致地层流体侵入井筒造成液柱压力降低发生溢流。

（2）起钻速度过快，抽汲严重，导致溢流。

（3）起钻未按要求灌浆或灌浆不及时导致液柱压力降低发生溢流。

（4）下钻速度过快，激动压力过大，造成漏转溢。

（5）井漏严重液面不在井口，起下钻吊灌浆密度和液量不合理，导致漏转溢。

（6）隐蔽性溢流未及时发现，起下钻中途突发溢流，来势猛，溢流量大，若不及时控制，易发生井涌，甚至井喷失控。

2）正常起下钻井控操作

（1）长起前，按《塔里木油田钻井井控实施细则》要求开展短程起下钻测油气上窜速度，起钻前充分循环1.5周以上，进出口密度差不大于$0.02g/cm^3$。掌握油气上窜速度，满足安全起下钻时间要求。

（2）钻头在油气层井段和其顶部以上300m井段内，起钻速度小于0.30m/s。

（3）起钻连续灌浆，每起钻3~5柱钻杆或1柱钻铤（加重钻杆），钻井液工和录井联机核对一次起出钻具体积和灌入量。

（4）起下钻中断超过30min的情况，每30min灌满井口，核对液面并记录。

（5）起钻完，检查防磨套。检查浮阀，如有损坏，更换新的阀芯。

（6）带浮阀下钻，每3~5柱钻杆或1柱钻铤（加重钻杆）核对一次下入体积和返出量。每下5~10柱灌满1次水眼。

（7）录井联机员要通过对讲机（钻井队提供）每2h与钻井液工核对钻井液量是否正常。

（8）钻井队值班干部每2h检查一次钻井液工和录井联机员的坐岗情况并签字。

（9）钻井监督和地质监督每班分别检查一次钻井液和录井坐岗情况并签字。

（10）钻井液工、录井联机员发现溢流或疑似溢流显示，应立即启动溢流一键报警装置，报告司钻立即关井。

3）注意事项

（1）日常生产中，掌握起下钻具的实际开排和闭排数据，起钻多灌下钻多返数量，修正在用的开排、闭排和内容数据，坐岗记录的数据与实际相符。

（2）起钻水眼冒浆将影响准确计量，该条件下的灌入量要考虑水眼冒浆的消耗，每次灌满井筒。

（3）防磨套顶丝操作期间，井队工程师应现场指挥，确保正确操作。防磨套通过井口防喷器组时，值班干部要在钻台指挥，缓慢通过防喷器组，防止挂坏防磨套。

（4）起下钻严禁内外钳工挡司钻视线，内外钳工操作过程中站位正确。

2. 井漏但液面在井口起下钻

1）井控风险

（1）井下存在漏失，循环钻井液消耗量大，后效没有完全排出井筒，油气聚集在井筒，起下钻过程中，油气滑脱上升引发溢流。

（2）井漏起钻灌浆量不足，液面下降多，液柱压力降低，引起溢流。

2）井漏未失返起下钻井控操作

（1）起钻前，按《塔里木油田钻井井控实施细则》要求开展短程起下钻测油气上窜速度，起钻前充分循环1.5周以上，进出口密度差不大于$0.02g/cm^3$。掌握油气上窜速度，满足安全起下钻时间要求。

（2）钻头在油气层井段和其上300m井段内控制起钻速度小于0.30m/s。

（3）起钻至套管鞋（或合适井段），并泵入一段由稠浆塞段塞和重浆形成的重浆帽，重浆帽应按关井套压附加2~3MPa，来计算所需的重浆量和密度。

（4）起钻时，按3~5柱钻杆或1柱钻铤（加重钻杆），灌满1次井筒，钻井液和录井核对好液面，做好记录。由于井下漏失，灌入量可以按起出钻具体积的1.5倍吊灌。

（5）起钻完，井筒灌满钻井液。在长时间静止观察时，每30min灌满钻井液和做好记录。

（6）检查防磨套，检查浮阀，如有损坏更换浮阀阀芯。

（7）带浮阀下钻，每下入3~5柱钻杆或1柱钻铤（加重钻杆）记录1次返出量。

（8）水眼每 5~10 柱灌满 1 次。

（9）由于井下存在漏失，返出量小于下入钻具体积，做好漏失量统计。

（10）如果有定向仪器，按相关方要求定时顶通和测试信号。

3）注意事项

（1）循环时间要考虑理论返出时间和扣除井漏后的实际返出时间。

（2）钻具水眼灌浆用灌浆泵，灌浆管线出口与钻具水眼固定牢靠。

（3）冬季灌浆管线出口要注意防冻堵。

3. 井漏液面不在井口起下钻

1）井控风险

井下液面监测不到位，灌浆量不合适，液面上涨隐蔽性溢流发现不及时。

2）井漏液面不在井口起下钻井控操作

（1）确保井筒钻井液的清洁，没有污染浆。长起前，可从井口反推一定量的清洁钻井液。

（2）井漏失返，无法测油气上窜速度，采取液面监测＋吊灌的技术起钻。

（3）钻头在油气层井段和其上 300m 井段内控制起钻速度小于 0.3m/s。

（4）起钻至套管鞋（或合适井段），并泵入一段由稠浆塞段塞和重浆形成的重浆帽，重浆帽应按关井套压附加 2~3MPa，来计算所需的重浆量和密度。

（5）起钻按 1.5~2 倍起出钻具体积灌入钻井液，保持井下液面相对稳定，始终保证井下处于漏失状态。

（6）抓好工作衔接，起钻完，尽快下钻，减少空井时间。

（7）检查防磨套，检查浮阀，更换损坏的浮阀阀芯。

（8）下入钻具组合近钻头和钻头出管鞋井口钻具安装浮阀。

（9）带浮阀下钻每 5~10 柱灌满水眼 1 次。

（10）起下钻作业时要做好液面监测工作，并配合液面监测情况吊灌浆。

3）注意事项

吊灌起钻，液面持续上涨，分析上涨原因，是多灌的钻井液引起液面上涨，还是油气侵入导致液面上涨。如果是多灌引起的液面波动，可减少灌入钻井液体积，但不低于起出的钻具本体体积。如果是油气侵入造成液面上涨，则应加大吊灌量或挤入一定量的钻井液，将侵入井内的油气推回地层。

4. 单吊环导致钻具落井

1）井控风险

单吊环会导致钻具折断，钻具落井，存在压漏地层，钻井液液柱压力降低，地层油气侵入井筒的风险。

2）单吊环折断钻具落井井控操作

（1）起钻时，坚持井口三人操作，内外钳工站位正确，下放吊卡取出吊环挂吊耳，挂好吊耳后，钻工分别打清晰、标准的手势给司钻。

（2）一旦目的层发生单吊环钻具落井事故，立即执行空井关井操作，打开 4 号液动放喷阀，关全封，求取井口压力。

（3）关井观察 30min，没有压力时，监测井筒液面，确认是否发生溢流，无溢流可进行下步作业若有套压采用压回法进行压井处置。

3）注意事项

（1）起下钻过程中内外钳工站位正确，严禁内外钳工挡司钻视线。

（2）发生单吊环事故后，现场关井后立即向业主单位汇报，并收集现场相关数据资料。

5. 起下钻过程中钻机提升系统故障

1）井控风险

提升系统故障发生后，钻具可能无法活动，如果钻杆加厚部分或接箍部分处在闸板总成位置，溢流发生时无法及时关井控制井口。

2）提升系统故障后发生溢流井控操作

（1）若上提过程中可直接实现关闭闸板总成控制井口，则及时关闭对应闸板封心控制井口，现场立即派人检修钻机提升系统。

（2）起钻过程中提升系统故障，钻具位置不合适，无法实现关井，若可下放钻具至合适位置，则下放后关闭对应闸板封心控制井口，立即检修提升系统；若无法下放钻具至合适位置，则采用关闭环形防喷器控制井口，检修提升系统故障。

（3）如条件允许，钻台钻具接入旋塞、顶驱或方钻杆。

（4）关井后，注意通过节流管汇、分离器出口观察井内液面情况。出现溢流，尽快实施压井作业。

3）注意事项

（1）司钻必须清楚闸板总成高度，避免位置不合适，关井失败、拉坏闸板。

（2）无法上提时，在下放钻具调整位置时，一次性调整好位置，并同时确认刹车系统完好。

（3）如果环形胶芯密封渗漏，及时在司钻控制台上调高环形防喷器关闭油压，直到胶芯密封不渗漏，如果环形减压阀设计有旁通阀，特殊情况可考虑打开旁通阀

6. 起下钻过程中卡钻

1）井控风险

卡钻期间发现溢流后可能因钻具位置不合适，不能及时采用闸板防喷器关井。

2）起下钻过程中卡钻井控操作

（1）卡钻后，在井口钻具增加下旋塞。

（2）对于无漏失液面正常的井，钻井液工坐岗观察出口，每 30min 井筒灌满一次钻井液，做好灌入量记录。

（3）对于井漏液面不在井口的井，开展液面监测，加大环空吊灌量。

（4）发现溢流立即关井，如钻具位置不合适，则上提或下压钻具至合适位置，实施关井。不能使用闸板关井，应果断采用环形防喷器关井。

3）注意事项

（1）司钻必须清楚闸板总成高度，避免位置不合适，关井失败、拉坏闸板。

（2）无法上提时，在下放钻具调整位置时，一次性调整好位置，并同时确认刹车系统完好。

（3）关环形防喷器时根据关井套压的大小调节关闭环形防喷器的油压。专人观察环形胶芯密封情况，如果环形胶芯密封渗漏及时在司钻控制台上调高环形防喷器关闭油压，直

到胶芯密封不渗漏，如果环形减压阀设计有旁通阀，特殊情况可考虑打开旁通阀。

六、目的层取心

1. 井控风险

目的层取心作业一般在显示较好的段层进行，在树心、取心钻进、割心及起钻出心过程中，都存在溢流可能。尤其是发生堵心后无法建立循环的情况下井控风险极高。

2. 目的层取心前准备

（1）目的层取心井队和专业取心队伍做好技术方案，并对生产班组及相关方开展技术交底，取心前开展联合应急演练。

（2）取心前应充分循环保证井眼干净；短程起下钻检验井眼畅通情况及油气上窜情况，确保取心钻具在井内起下安全畅通。

3. 目的层取心井控操作

（1）下钻到底后应先循环钻井液一周以上，调整好钻井液性能。

（2）起钻前做短起下测油气上窜速度，确保下步安全作业。

（3）树心、取心钻进、割心过程中发生溢流，按钻井井控实施细则中规定的钻进关井程序，实施关井。

（4）起下钻过程中发生溢流，按钻井井控实施细则中规定的起下钻关井程序，实施关井。

（5）如溢流时出现堵心情况无法建立循环，立即按钻井井控实施细则中规定的钻进关井程序，实施关井后，由井控专家根据实际情况指导采取控压起钻、置换法压井等方式进行处置。

（6）含硫油气层出心过程中，开启钻台轴流风机，取心人员佩戴正压式空气呼吸器和便携式硫化氢监测仪，防止硫化氢逸出伤害。

（7）碳酸盐岩目的层应使用预置球取心工具，在取心筒上部安装内防喷工具。

（8）含硫层位取出的岩心应放置在具有良好通风条件的环境中，人员进入岩心房（库）前应进行通风，并测量有毒有害气体浓度，满足要求后方可进入。

4. 注意事项

（1）取心工具在井口时：起出取心工具，按照空井关井程序关井，关井后按照溢流汇报程序汇报。

（2）取心工具在井内时：按照正常起下钻或起下钻铤关井程序关井，关井后按照溢流汇报程序汇报。

七、控压钻井

1. 井控风险

碳酸盐岩储层存在密度窗口窄、溢漏转换快、气油比高的地质风险特征。在碳酸盐岩储层控压钻井期间，可能存在钻遇异常高压、硫化氢、井漏（失返）、液面连续上涨、严重油气置换及控压设备故障等井控风险。

2. 控压钻井准备

（1）碳酸盐岩储层控压施工前，为提升应对井下突发异常的处置能力，现场尽量使用顶驱作业。

（2）现场应提前在地质预测的串珠及片状反射所对应井深的 50m 以上，完成旋转控制头等控压装备的安装工作。

①提前丈量好井口剩余空高是否满足细则中"旋转控制头安装到位后，旋转总成的顶面与转盘底面应留有空间，便于井口操作"的要求。

②若井口剩余空高不满足安装要求，现场须提前与业主单位及油田应急中心沟通，通过优化井口装置组合、选配矮壳体控制头等措施来解决。

④现场须依照《塔里木油田钻井井控实施细则》"控压钻井的井控要求"对旋转控制头、自动节流管汇等控压装备进行严格试压合格。

④控压作业前，现场应检验控压施工钻井液的返出通道是否畅通，即井内返出的钻井液经节流管汇、液气分离器返出至缓冲罐（持续半小时）。

⑤钻至地质预测的串珠及片状反射所对应井深 50m 以上，现场应提前完成以下应急物资的储备工作。

a. 地面储备井筒容积 1.5 倍以上的井浆。

b. 储备密度比钻井液设计上限高 $0.15g/cm^3$ 的重浆 $100m^3$ 以上。

c. 储备坂土浆 $60m^3$ 以上。

d. 加重材料 100t 以上、除硫剂 10t 以上、除硫剂含量 5% 的优质新浆 $30m^3$。

e. 适当储备应对恶性井漏的堵漏材料及延缓气窜的稠浆段塞材料 2t 以上。

（3）碳酸盐岩储层控压作业的井液气分离器点火筒和主放喷管线点火筒应配置自动点火装置。

（4）内防喷工具配置。

①现场配置钻杆尺寸的浮阀 4 只、旋塞 4 只。

②钻具组合要求使用双浮阀，即近钻头接一只浮阀，钻头出套管鞋再接一只浮阀和旋塞。

（5）控压作业前钻台应配齐与井口（井内）钻杆尺寸相符的钻具防上顶装置。

（6）现场提前制作并打印好"控压作业施工记录本"，记录本内涵以下内容：钻井液循环罐液面变化情况（即泵入量、返出量）进出口密度、黏度、阀位开度、立压、套压、全烃、硫化氢、点火情况等。

（7）控压作业前需对各岗位职责进行明确。

3. 控压钻进、循环井控操作

（1）控压钻进及循环期间应每 5min 测量并记录一次钻井液循环罐液面、钻井液的进出口密度、黏度、阀位开度、立压、套压、全烃值、硫化氢、点火情况等参数，并填写控压作业记录本，发现异常须加密监测。同时液气分离器点火筒应点长明火。

（2）以"微过平衡、微漏失状态"为核心，保持液面稳定或微漏，以不溢为基本要求，寻找动平衡点，严格控制侵入井筒的油气量。在控压循环、钻进过程中不允许连续出现液面上涨（15min 液面连续上涨超过 $2m^3$）。

（3）停泵时，同时关闭节流阀，防止地层流体因压差进入井筒，如使用精细控压，应启动回压泵，保持井口回压。

（4）接单根前先开回水泄立压，观察立压降为 0，且出口断流（内防喷工具有效）；若不断流,则先用重浆压水眼,接入备用旋塞,接单根后再关回水,启动泵后调节节流阀恢复钻进。

(5)控压钻进期间当套压值不小于5MPa时,停止钻进,关井节流循环排气或调整钻井液密度,直至套压小于5MPa恢复钻进。

(6)控压钻进期间,采取单罐上水。应提前做好倒罐、倒浆的准备,避免发生上水罐钻井液量不足,同时严禁边上水边倒浆,确保液面计量工作快速、准确。

4. 控压开、停泵井控操作

(1)控压作业期间需要停泵时,司钻通知值班干部需要停泵。由值班干部统一指挥各岗位,做好停泵准备工作。

(2)准备到位后司钻发出停泵指令,并关闭钻井液泵,确认立压归零后,对讲机发出"已停泵"信息(对于泵冲归零,立压不归零的,可以通过放回水排查立压不归零原因)。对于开启双通道的井,应采用降排量至1/2~2/3,先关闭其中一条通道再缓慢停泵。

(3)节控箱操作人员在接到停泵信息后,缓慢关闭液动节流阀(与司钻降泵冲一致),在泵完全停稳后3~5s内全关节流阀,节流阀关闭后,通过对讲机报告阀位已全关。对于液气分离器排气点火的,需要观察液气分离器排气筒火焰是否变小至熄灭。

(4)节流阀关闭到位后,值班干部通知节流管汇人员立即关闭节2a,并观察和汇报节流管汇套压。

(5)停泵期间,钻井液工1在出口观察出口流量是否减小,并断流。钻井液工2在循环罐计量并汇报回流量,原则上控制回流量不超过平衡钻井期间测定的回流量。

(6)副司钻负责在泵房打开钻井液泵回水闸阀卸掉钻具内回压,泄回压期间钻井液工负责在钻井泵回水管线出口观察泄压管线内流体流速是否逐步变小直至断流。

(7)若回水断流,钻井液工通知司钻卸开钻杆接单根或者其他操作。若回水不断流可能井下浮阀失效,关闭井口旋塞,关闭回水阀门,开启旋塞,泵入重浆帽压稳水眼,同时接入备用浮阀。

(8)开泵前记录关井套压,值班干部通知各岗位做好开泵准备工作,岗位人员到位。安排井架工对液气分离器排气筒点长明火。钻井液工、录井联机员核对液面基础数据。

(9)值班干部指挥副司钻检查确认钻井液泵回水阀门关闭,确认检查无误,值班干部指挥节流管汇处人员打开节2a。

(10)节2a打开后值班干部对讲机通知司钻、节控箱操作人员、节流管汇、钻井液工、录井做好开泵准备。司钻接通知后,缓慢启动钻井液泵,节控箱操作人员注意观察套压变化,发现套压开始升高时缓慢开启节流阀。同时节控箱操作人员开始填报控压钻井综合记录本。

(11)司钻按照每5冲逐步提高钻井泵排量,调整排量过程中节控箱操作人员根据套压变化及时调整阀位开度,尽可能保持套压与关井套压基本不变。

(12)钻井液工观察出口返浆,出口返浆时,记录好返浆时泵入量。待出口返浆进入上水罐后计量液面变化情况。每3min记录并汇报一次液面变化,严格执行"五岗三分钟"汇报制度。

(13)司钻将钻井泵排量逐步提高至钻进排量后,井控专家根据钻井液工汇报的液面变化情况适时发出节流阀阀位开度调整指令,恢复正常控压钻井作业。

(14)控压钻井作业防节流阀过度控制产生圈闭压力。套压稳定,连续每3min液面无变化，则可开节流阀 1mm，分析是否有圈闭压力。

5. 控压起下钻井控操作

（1）起钻前，节流循环排气 1 周以上，确保停泵后套压小于 5MPa，同时录井队取砂样。水眼压重浆，保证起钻不喷钻井液。

（2）控压起下钻过程中严格控制速度小于 0.2m/s。

（3）控压起钻过程中每起 3 柱，按起出钻具体积的 1~2 倍挤灌浆；若井套压不小于 5MPa，则反推重浆使套压降至 5MPa 以内，控压起钻至安全井段，节流循环排气或调整钻井液密度后再进行下步作业。

（4）控压起钻至套管鞋（或合适井段），将上部井段油气循环干净，并泵入一段由稠浆塞段塞和重浆形成的重浆帽，重浆帽应按关井套压附加 2~3MPa，来计算所需的重浆量和密度。

（5）现场根据套压、漏失情况、油气活跃程度、重浆密度等情况，计算重浆帽的合适位置及泵入时间、高度，确保重浆帽不出套管鞋或不进入漏层。

（6）泵入重浆帽后，井口套压应为 0，全开节流阀，观察 15min 以上，检查是否存在溢流，确认无异常后继续起钻，期间监测好起钻应灌量及实灌量，发现溢流立即关井，反推适量重浆。

（7）泵入重浆帽后，如果液面不在井口，应使用液面监测技术，吊灌起钻。吊灌起钻期间按起出钻具体积的 1.5~2 倍进行连续灌浆；若液面上涨，根据灌浆量吊灌量或反推重浆，保证液面稳定后继续起钻完。泵入重浆帽及后期反推重浆后，液面都应尽量控制在 100~300m 以内。

6. 液面监测井控操作

（1）每 15min 监测环空液面一次，液面上涨加密监测。

（2）每 3~5 柱监测钻具水眼内液面一次，液面上涨加密监测。

（3）液面高度上涨至 100m 以内，且连续 2 个点上涨，立即抢接内防喷工具并关井，加大吊灌量或反推适量重浆。

（4）液面高度上涨要精准计算是否多灌或漏速减少（静堵、孔喉钻井液高温增稠、流动性不好等）造成的液面高度上涨，通过计算的理论高度，精准判断液面高度上涨是否发生溢流。

（5）现场要先测液面后灌浆，然后计算理论高度，精准判断是否溢流。如果计算得出井内处于微漏是理想状态，如果先灌浆后测液面有杂波，不能测得真实的数据。

（6）钻开油气层前要用已知数据对液面监测回声仪进行效验，测试液面监测回声仪的准确性。

（7）拆旋转控制头总成时，要起钻至最后两柱钻杆，测量环空液面高度无异常，再拆除旋转控制头总成。

7. 控压下钻井控操作

（1）起钻完尽快组合钻具下钻，减少空井时间。若井口测试仪器或长时间不能下钻时，期间每 10min 监测液面一次，控制液面在 100~300m 范围，若监测液面上涨已超过 100m，则反推适量重浆。

（2）每下 5~10 柱钻具水眼内灌浆 1 次。每 3~5 柱监测水眼液面，若液面上涨，说明下入的近钻头浮阀失效，应接旋塞+箭型（旋塞在下，箭型在上），再继续下钻。

（3）下钻过程，若发现钻井液返出量大于下入钻具的闭排量，立即停止下钻，关井观察。若套压不小于5MPa，反推重浆，将套压降至5MPa以内，实施带压更换旋转控制头胶芯后，转控压下钻；若下钻过程，返出量小于等于下入钻具的闭排量或不返浆，则持续下钻至套管鞋处更换旋转控制头胶芯，控制套压小于5MPa，转控压下钻。

（4）控压下钻过程中调节节流阀，控制钻井液返出量应小于等于下入钻具闭排体积（浮阀完好），维持井口压力，控制井底压力略大于地层压力，同时返出钻井液进入计量罐进行计量。

（5）控压下钻过程中，每下5~10柱钻具水眼内灌浆1次。若套压大于5MPa，先反推适量重浆，将套压降至5MPa以内，再继续控压下钻。

（6）排重浆帽：下钻至重浆帽下300~500m，采取分段循环或在重浆帽以上用轻浆循环的方法排重浆。

（7）循环排后效：下钻完节流循环一周排后效，套压不大于5MPa，无异常恢复钻进。

8. 控压施工期间井控突发情况及处置

（1）控压钻进过程中出现放空、大漏、失返、钻时加快（新钻2~3m钻时，低于前5m平均钻时的1/2以上），停止钻进。

①上提钻具至关井位置（将下旋塞及钻杆接头提出转盘面），每10~15min吊灌浆0.5~1m³，观察出口，发现液面上涨或出口外溢，立即关井。

②观察30min，若出口无外溢，监测液面高度。若液面不在井口，则吊灌起钻至套管鞋。起钻按起出钻具体积的1.5~2倍灌浆。起钻过程中每15min监测环液面一次，发现液面上涨，立即停止起钻加大吊灌量，关井观察；若液面在井口，降排量（以钻进排量的1/3~1/2）循环测漏速，若漏速不大，循环1周以上排后效，根据漏速及循环情况，调整钻井液密度，重建平衡。

（2）控压作业过程中，出口监测到硫化氢浓度超过20ppm，或浓度低于20ppm且持续时间达到30min，立即停止作业，关井实施反推作业，将井筒受污染钻井液推回地层。井口钻具打死卡固定。

9. 旋转控制头胶芯刺漏应急程序

（1）发出报警信号，停止控压作业。关闭环形防喷器，关闭节流阀，再关闭节流阀前的平板阀（J2a）。将环形防喷器液控压力值调至比套压小2~3MPa左右。

（2）打开旋转控制头旁通泄压球阀，泄掉环形与旋转控制头之间压力，注意观察出口是否断流，如未断流可适当调高环形液控压力，但不大于7MPa。

（3）开回水泄立压，观察立压降为0，且出口断流（内防喷工具有效）；若不断流，则用重浆压水眼，重新接入备用浮阀。

（4）井队配合旋转控制头值班人员拆旋转控制头控制管线，松开卡箍螺栓，通过旋转控制头液压站开启壳体卡箍。

（5）缓慢上提钻具取出旋转控制头总成，气动绞车带上旋转控制头总成与上提钻具速度同步提出旋转控制头总成，更换已装配好新胶芯的总成，钻杆上扣。缓慢下放将总成坐入旋转控制头壳体，关卡箍、接控制管线，恢复旋转控制头工作。

（6）开环形防喷器，将环形防喷器液控压力调整至8.5~10.5MPa。

10. 出现塔里木油田钻井井控实施细则规定的终止控压钻井作业条件时，应立即进行反推压井作业

（1）反推浆体宜采用高黏切＋高密度钻井液，大排量推回井筒油气，压稳油气层。

（2）钻具水眼正推1个水眼容积＋推入地层5~10m³钻井液。

（3）环空反推1个环空容积＋推入地层20~25m³钻井液。

（4）地质预测目的层含硫化氢，正、反推作业钻井液中除硫剂含量1%~3%、pH≥11。

（5）井口钻具用死卡和ϕ22mm钢丝绳四角固定。

（6）采用水泥车或压裂车实施正、反推作业前，管线试压合格。

（7）施工过程中，若钻具断落，井口钻具上顶，危及井口失控，在指挥组组长的指挥下，立即关剪切闸板，剪断井内钻具，实施关井，停止施工；若钻具断落未危及井口安全，则继续作业。

八、正常钻进影响井控安全的意外情况及应对措施

1. 关井后钻具氢脆断裂

1）井控风险

钻具断裂落井，可能因激动压力过大，导致井漏、漏转溢、内防喷失控等井控风险，且井内留存钻具少，存在上顶风险。

2）关井后钻具氢脆断裂井控操作

（1）若关井有立压，根据关井立压计算地层压力，计算所需当量的压井液密度。

（2）关井后发生钻具氢脆断裂，要立即关闭井口（钻台面以上）钻具内防喷工具，并安装好钻具防上顶装置。

（3）地面配备至少1.5倍井筒容积的钻井液，钻井液中除硫剂按照1%~5%添加，PH≥11。

（4）采用压回法反推一个井筒容积井浆，将硫化氢等有害地层流体推回地层，清洁井筒。

3）注意事项

（1）反推时，先推现场准备的含除硫剂5%的新钻井液30m³。

（2）目的层出现钻具事故后，在处理井下钻工具事故之前，一定要压稳油气层。

2. 关井过程中防喷器控制系统故障

1）井控风险

关井过程中控制系统故障，可能导致无法正常关井。

2）防喷器控制系统故障井控操作

（1）若是单一控制对象换向手柄出现故障，可倒换管线，切换到备用的三位四通换向阀，继续关井。

（2）若是司控台出现故障，副司钻可在远程控制台操作三位四通换向阀，实施关井，并及时上报应急中心，进行抢修。

（3）关井过程中，液控管线液压油大量泄露，应立即将相应三位四通阀换向阀扳至中位，尽快处理泄露，并加注液压油，具备关井条件后，实施关井。

3）注意事项

（1）井队应开展控制系统出现故障后控制井口专项应急演练。

（2）井队做好井控装备的巡检工作，发现现场无法整改的异常，及时向应急中心反馈。

3. 关井后闸板封心刺漏

1）井控风险

关井后井口刺漏导致险情加剧，进而导致井口失控的风险。

2）关井后闸板封心刺漏井控操作

（1）若井口已装备用尺寸封心，及时关闭备用闸板备用闸板总成，控制井口。

（2）若未装备用同尺寸闸板，考虑关闭环形防喷器，进行临时补救。

（3）若以上关井补救措施均失败，按照剪切钻具程序，控制井口。如果采用剪切钻具程序，对于钻机底座不小于12.5m的钻机，高套压导致最下面的半封封心刺漏，"半剪全半"的组合形式剪断钻具后是不能关全封闸板的，钻机底座不小于12.5m的钻机，推荐"半半剪全"的组合

3）注意事项

（1）必须清楚各闸板总成所对应钻具位置。出现井控装备异常，必须冷静应对，正确采取临时性关井补救措施。

（2）如关井动作错误，不仅会导致关井无效，并且会损坏闸板封心。

4. 断钻具且浮阀落井

1）井控风险

钻具断裂落井，激动压力变化引起漏溢转换；浮阀落井可能导致内控失效。

2）断钻具井控操作

（1）井口接入旋塞关井观察，如液面不在井口，应定时反灌浆、监测液面动态情况；确认无溢流发生，才能开井进行下一步作业。

（2）如有溢流发生，应尽快组织压井。

（3）压井应采用压回法压井，反推3000m套管容积井浆，将地层流体推回地层，清洁井筒；压稳地层后在确保井下安全前提下方可起钻进行下步处理。

3）注意事项

关井观察期间，应尽快安装防上顶装置。

5. 方钻杆（方替）下旋塞断裂

1）井控风险

溢流后可能存在无法关闭全封闸板情况，同时钻具无法实现内控。

2）方钻杆（方替）下旋塞断裂溢流井控操作

（1）上提方钻杆（方替），察看判断断裂钻具位置，根据鱼头位置，合理利用井口防喷器组，实施关井（如无法关闭全封则关闭环形防喷器）。

（2）关井后观察井口液面情况，确认无溢流，才能进行下步作业。

（3）如关井有溢流发生，应尽快组织压井。

（4）压井宜采用压回法压井，反推3000m套管容积井浆，将地层流体推回地层，清洁井筒。

（5）压稳地层后在确保井下安全前提下方可起钻进行下步处理。

3）注意事项

（1）确认鱼头位置要认真仔细，为便于准确察看，可以打开两侧放喷通道将井口钻井

液放掉观察。

（2）如果环形胶芯密封渗漏及时在司钻控制台上调高环形防喷器关闭油压，直到胶芯密封不渗漏，如果环形减压阀设计有旁通阀，特殊情况可考虑打开旁通阀。

6. 钻具刺漏，短路循环

1）井控风险

钻具刺漏后，造成短路循环可能导致油气活跃发现较晚，引起溢流加剧。

2）钻具刺漏井控操作

（1）发现立压变化（机械钻机泵冲也有变化），立即停止作业，地面检查。

（2）若判断为钻具刺漏，则停泵，观察出口，若无溢流，起钻检查钻具。

（3）起钻过程中通过吊灌重稠浆附加井筒内液柱压力 3~5MPa。

（4）若停泵观察出口外溢，则立即关井，按照溢流处置程序处置，压稳油气层后，起钻检查钻具。

（5）起下钻过程中钻井液工、联机员要坐好岗，发现液面异常要立即向司钻汇报。

3）注意事项

（1）起钻前核实钻进期间，气测是否有异常。

（2）起下钻检查钻具过程中，若油气活跃，发现少灌或多返立即关井并汇报。

第七节　山前高压气井老井侧钻井控风险与防控措施

库车山前高压气井老井深部开窗侧钻作为增加产能的重要手段，作业任务逐年增加。山前高压气井老井侧钻涉及侧钻前准备、井控交接确认、压井、井口更换、近井口及井口套管头完整性评价、起管柱、油气层封堵、套管开窗、侧钻进地层等作业工序，作业过程中面临着井深、高温高压、井斜和位移大、原套管强度高、油气窜槽、井漏等系列难题，也带来一系列井控风险。本节中详细阐述了各环节井控风险防控、安全操作、注意事项，为现场正确操作提供技术指导。

一、井口交接确认

1. 井控风险

（1）老井是开采井，井筒与油气储层连通，开工即面临压井、换装井口等井控作业，现场技术措施不到位，可能出现井控风险。

（2）部分老井长期闲置，疏于管理，井口阀件不全，作业数据缺失，套管头（四通）等橡胶密封老化失效，试压不合格，环空带压时，井口串漏，给安全作业带来风险。

（3）老井口为自喷井口或机采井口，井下管柱有气举阀等，钻井队工程技术人员缺乏相应技能，处理不当，有可能造成井控险情。

（4）井口装备完好性未检查到位，后续压井或侧钻期间存在刺漏风险。

2. 井口交接前准备

对井口装备（采油树、采油四通、套管头等）仔细检查，确认手轮、压力表及考克、活接头法兰及堵头、连接螺栓、顶丝及备帽、注塑孔堵头等齐全完好。

3. 井口交接井控操作

（1）对套管头、采油四通进行注塑试压，BT注塑、BT之间、主密封等每处都要试压检验，试压要求按《塔里木油田试油井控实施细则》井控装备现场试压值及井控装备试压稳压时间和允许压降等相关要求进行试压。

（2）检查记录好油压套压变化数据。

4. 注意事项

（1）油套压认真落实，要求数据真实可靠。

（2）若井口装备有缺失、损坏及试压不合格的应及时做好记录并汇报，讨论制定相关补救或更换措施，确保井口完好。

（3）作业队伍应认真收集分析老井资料，包括井内油管串结构、前期钻井、试油及生产情况等。

二、压井

1. 井控风险

（1）对于钻揭油（气、水）显示的老井，长期关井，油（气、水）置换进入井筒，压井过程中存在溢流、二次高套压、井漏风险。

（2）环空带压井，气体可能自环空窜出，给安全作业带来风险。

2. 压井前准备

（1）查阅老井的钻井工程设计、老井的井下作业井史等资料，掌握老井开采层位、井下管柱组合、井口装备等数据，为确定压井液密度、压井方法等提供参考。

（2）作业队伍制定详细的压井施工设计，施工设计中包括但不限于：压井液（类型、密度、用量）、压井方式、设备、施工步骤、施工过程中的风险识别及消减措施，施工压力与排量（时间）的关系曲线。

（3）压井液密度一般采用钻井时的钻井液密度或者以开采期间取得的地层压力系数为基数，再增加安全附加值来确定。

（4）配制不少于井筒容积 1.5 倍的压井液量。

（5）压井前检查测试好压井设备系统，如钻井液泵（压裂车）、上水罐和循环罐等。

（6）压井前应根据管柱结构使用相应方法（穿孔）沟通油套环空。

3. 压井井控操作

（1）一般采用反循环压井，压井期间通过地面流程节流阀组控制油压，保持井底压力始终略高于地层压力，安排专人计量进（出）口液面、密度，观察油（套）压力变化，循环过程中，不能多返，保持压井排量和压力的稳定。

（2）如压井过程中发生井漏，及时调整排量和回压值进行施工，如漏失严重终止压井，调整压井液密度后重新组织压井。

（3）如压井过程中发生油气上窜聚集引发高套压，及时停止施工进行正反挤压井。

（4）压井完成，停泵关井观察压力，观察结束后循环排污，检测油气上窜速度，确认满足安全作业时间，根据情况确定下步施工措施。

4. 注意事项

（1）压井过程中要监测压力变化，如泵压突然增高立即停泵，分析原因并采取果断措施，不能长时间停泵。

（2）分离器燃烧筒出口应设置长明火。

（3）油管组合有气举阀等工具时，要求试油（井下）作业人员上井指导压井工作。

三、换装井口

1. 井控风险

地层未压稳，换装井口期间，井口处于无控状态，换装井口期间有发生溢流的风险。

2. 换装井口前准备

（1）应在井内平稳的条件下换装井口，确认安全作业时间大于一个换装井口的时间（测后效所计算安全时间 – 安全作业时间 ≥ 10h）。

（2）漏失井宜采用液面监测、吊灌压井液、正反挤压井的方式确定安全作业时间。

（3）在一个换装井口时间内，管内外液面稳定，换装井口前，再次正反挤一个井筒容积。

（4）作业前，井筒内应至少增设一级机械屏障，如安装背压阀、回压阀、油管内堵塞装置、套管堵塞阀、盲板、井下安全阀、桥塞等工具。

（5）提前连接好变扣和旋塞，并放置在井口便于吊装位置处。

（6）防喷器组的选择应符合《塔里木油田试油井控实施细则》和设计要求，现场技术人员和试油监督要检查确认。

（7）编制换装井口报批单，分析好管内（外）井口风险，两道屏障确定有效，制定防控措施并审批。

3. 换装井口井控操作

（1）压井后观察确定油管内外平稳，拆采油（气）树前要检查并确认两个独立的屏障合格（井下安全阀、油管堵塞阀或背压阀是否有效）。

（2）拆掉采油树上的管线，卸下压力表及附件，松开采油树与采油四通之间的螺栓。

（3）吊开采油树，若发现溢流，立即将变扣短节与旋塞连接在油管悬挂器顶部，并关闭旋塞。

（4）换新钢圈，从下向上依次安装防喷器组及防溢管，对称上紧所有法兰之间的连接螺栓至规定扭矩。

（5）连接防喷器液压控制管线，按《塔里木油田试油井控实施细则》井控装备现场试压值及井控装备试压稳压时间和允许压降等相关要求对防喷器组进行试压，确认井内无压力后取出堵塞阀。

4. 注意事项

（1）为保证换装井口的时效性，现场要提前做好换装井口的实施计划及生产组织，可在场地上提前将闸板封井器两两组合到一起。

（2）封井器安装完成后，连接好液控管线，空井试开关确认连接开关无误，试压结束后，对试压期间承压的所有法兰螺栓重新紧固一遍。

四、起管柱

1. 井控风险

（1）起管柱前未压稳地层，换井口时发生井喷或起管柱过程中发生溢流。

（2）循环压井操作不当、压井液密度过高，压漏地层，造成液柱压力下降，漏转溢。

（3）现场换装井口，拆采油气树与安装防喷器组期间需拆开油管四通（或特殊四通）上部，存在重大井控风险，若安装质量不合格，存在井口承压后刺漏的井控风险。

（4）在封隔器解封过程中，因封隔器下的圈闭压力影响可能造成瞬时溢流，封隔器解封后存在井筒不稳定发生溢流的风险。

（5）由于油气层与井内处于连通状态，起管柱过程中容易出现抽汲压力，使井底压力小于地层压力，从而造成溢流的风险。

2. 起管柱前准备

（1）作业前，应制定详细的施工方案和应急预案，经业主单位审批后方可施工，施工前要做好施工方案和应急预案的交底，并组织相关方进行应急演练。

（2）提前准备好防喷器拆卸工具、吊装设备、试压设备、安装工具、足够的重浆。

（3）提前组织压裂车或泵车到位。

（4）工具队提前到位，并备齐内防喷工具（背压阀或堵塞阀）、配套送入工具、防喷单根（连接好转换接头）等工具。

（5）准备好与管柱相匹配的气动卡瓦或吊卡，与管柱尺寸相匹配的已经调整好钳牙的液压钳。

（6）按《塔里木油田试油井控实施细则》起下管柱作业井控要求的四种情况进行短程起下钻检测油气上窜速度，满足下步作业的安全时间方可施工。

（7）检查井口防喷器组及控制系统，确保处于正常待命工况。

3. 起管柱井控操作

1）封隔器正常解封

（1）检查井口防喷器组及控制系统，确保处于正常待命工况。

（2）检查钻机提升系统、动力系统、油管钳，起管柱期间不会发生故障；确认井筒内液柱压力能平衡地层压力，井眼畅通，满足起管柱要求。

（3）卸松顶丝，并用米尺逐个检查每个顶丝出来的长度，确保不会挂伤油管挂。

（4）解封期间，钻井液工应加强坐岗。

（5）解封操作前，提前把对应油管规格的防喷变扣（带旋塞）连接准备好。

（6）解封后要让封隔器胶筒静止收缩 5~10min 以上再动管柱。

（7）起管柱期间加强坐岗制度，解封后起管柱发生溢流，钻井队、油管队立即抢接防喷变扣（带旋塞），进行关井动作。

（8）解封后未拆油管挂发生溢流，则调整油管挂至合理位置进行关井动作。

（9）解封后已拆油管挂发生溢流，抢接防喷变扣（带旋塞），进行关井动作。

2）封隔器解封失败

（1）解封期间，钻井液工应加强坐岗。

（2）解封操作前，提前把对应油管规格的防喷变扣（带旋塞）连接准备好。

（3）解封时间过长达到安全观察时间 70%，则重新循环压井液至进出口密度一致，再进行解封操作。

（4）解封失败则对封隔器上部油管进行切割或倒扣，起出封隔器以上油管，起油管前进行短起下、循环测后效，确保井内平稳，满足安全时间之后进行起管柱作业。

3)起管柱

(1)落实好钻井液工坐岗和录井坐岗,做到在起管柱期间能及时发现溢流。

(2)按《塔里木油田试油井控实施细则》起下管柱作业井控要求进行短程起下钻检测油气上窜速度,满足下步作业的安全时间方可施工。

(3)正向打压,顶通油管内堵塞阀,观察压力,若无压力,出口无外溢,管内无压力,可进行起管柱施工,若管内有压力,则进行压井作业。

(4)正常起管柱,若起管柱期间发生溢流,按《塔里木油田试油井控实施细则》起下油管作业硬关井操作程序,实施关井。

(5)在油气层中和油气层顶部300m井段,起钻速度不得超过0.3m/s,防止产生过大的抽汲压力。

(6)严格按照《塔里木油田试油井控实施细则》起下管柱作业井控要求实施灌浆,核实好灌浆量是否与起出管柱体积一致。

4. 注意事项

(1)关键工序、工具起出井口时,试油监督、井队值班干部与工具队技术人员应在司钻房盯防指挥。

(2)解封期间,钻井液工应加强坐岗。

(3)解封操作前,提前把对应油管规格的防喷变扣(带旋塞)连接准备好。

(4)起管柱期间若需进行反循环洗压井作业,作业前应检查落实所使用封井器对应的闸板尺寸、密封高度、开关状态显示、防提断装置等,循环完后应确保封井器已处于完全打开状态,方可继续起管柱。

五、近井口套管完好性评价

1. 井控风险

(1)老井套管可能存在套损、套变,另外套管头BT密封性能下降,导致控制井口压力变低。

(2)一旦发生溢流,可能造成油气泄漏、甚至井喷失控的风险。

2. 近井口套管完好性评价前准备

(1)前期确保井筒内压力平衡前提下,井口安装防喷器,《塔里木油田试油井控实施细则》井控装备现场试压值及井控装备试压稳压时间和允许压降等相关要求进行试压。

(2)编写作业过程的措施及井控预案,并与班组做交底。

3. 近井口套管完好性评价井控操作

(1)套管头试压《塔里木油田试油井控实施细则》井控装备现场试压值及井控装备试压稳压时间和允许压降等相关要求对套管头进行试压,考虑到套管年限久远及磨损等因素,对井口套管头试压时,以5MPa为增幅阶梯,逐级试压至预定压力。

(2)套管刮壁:下入刮壁器对侧钻点以上套管进行刮壁,必要时,可泵入稠浆(不低于80s)携带附壁物,起钻过程中防止抽汲引发溢流。

(3)套损电测:根据测井资料分析套损情况,重点落实套变井段,电测期间确保压稳油气,井口防喷措施到位。

(4)套管试压:在井深1000m左右的致密地层以下20m下入封隔器,对上部套管进行试压，每次递增 5MPa，逐级试压，最大不超过 20MPa，稳压 30min（每次打压、泄压核实好泵入量及回流量，防止发生溢流）；如试压不合格，对套管进行分段试压找漏，必要时进行套损段处理。

（5）起下管柱或电缆过程中，按照要求落实坐岗制度，发生溢流《塔里木油田试油井控实施细则》起下油管作业硬关井操作程序或空井（电缆作业）发生溢流时关井程序，实施关井。

（6）结合以上资料，评估井筒及井口完整性，为后续作业井控措施制定提供依据。

4. 注意事项

（1）主密封失效、两道及以上副密封失效时，必须采取注入特殊密封脂进行堵漏，确保主副密封满足试压及后期作业要求。

（2）详细掌握侧钻井固井质量、井眼轨迹、地层压力、流体类型等相关资料，熟悉套管串结构、套管头规格以及密封类型。

六、油气层封堵

1. 井控风险

（1）受油气上窜影响，水泥塞质量差，未能有效封堵地层，造成层间的互窜。

（2）对于密度窗口窄的井，打水泥塞过程中，存在漏溢转换，井控风险高。

2. 油气层封堵前准备

（1）一般采用平衡法注水泥塞，替浆至管柱内水泥面略高于管外水泥面即可停止替浆。

（2）对于易喷易漏井，可采用平推法注水泥塞，并保障井控安全，作业前必须将井筒钻井液充分循环净化，保持井筒清洁无油气水后效，且必须在井口附近钻具接旋塞，并安装旋转控制头。

（3）对于不能建立正常循环及易喷易漏等特殊井注水泥塞，现场需准备好不少于井筒容积 1.5 倍的钻井液。

（4）注塞管柱要求探伤时间应至少在油田应急中心规定的期限之内，且安全期限内未处理过复杂或进行过特殊工艺施工。

（5）除抢险等特殊情况以外，严禁使用原井筒内的管柱进行注水泥塞施工，应起出井内所有管柱后在注塞施工前检查后下到设计注塞位置。

（6）严禁注水泥塞管柱带浮阀、钻头、钻铤、稳定器和加重钻杆等特殊工具，应采用光钻杆或油管进行施工，底部可考虑接与注塞管串内径一致，外径与钻具本体或接头一致的铣齿接头。

（7）注水泥塞前应压稳油气水层，并合理调整钻井液性能，保持井眼畅通。

3. 油气层封堵井控操作

（1）注水泥塞作业前，应将注塞管柱下到井底或注塞井段以下 25~100m 充分循环，大排量洗井两周以上，确保钻井液充分循环，进出口钻井液密度差必须小于 $0.02g/cm^3$。

（2）停泵观察回压，短起 1~2 柱观察水眼内钻井液是否反冒，为注替到位管内外压差设计提供依据。

（3）裸眼段注水泥塞施工前须用高黏度、携砂能力强的钻井液多级段塞，配合不低于注替排量进行携砂作业，确保井内无沉砂后方可进行注塞作业，对于水平段长超过 500m，或者存在多台阶的水平井，要求全井筒使用钻井液携砂。

（4）按设计注入前置液、水泥浆、顶替液，注替期间核对和复算各种作业流体的注入量。

（5）井下漏失严重推荐高注高挤施工，施工前试挤钻井液时严格控制套压不超过10MPa。

（6）校核好水泥返高、水泥塞段长，确认钻具内水泥全部排出。

（7）上提作业管柱至设计塞面位置以上20~30m，循环一周，循环时应低速旋转并上下活动管柱。

（8）短起不少于100m，起钻过程中应连续灌浆，液面不在井口的按照起出钻具的1.5~2倍吊灌浆，间隔15min监测液面变化一次，防止漏溢转换。

（9）具备条件的要关井憋压侯凝，憋压期间监测套压变化，发现异常立即汇报。

（10）探钻水泥塞：下钻头探塞，低转速、低泵冲探水泥塞面，遇阻后旋转加钻压10~20kN，上提钻具，旋转下放再次加钻压10~20kN，若两次深度相符，则此深度为水泥塞面。

4. 注意事项

（1）水泥浆性能应满足现场施工要求，稠化时间附加安全时间60~120min。

（2）裸眼段注水泥塞宜避开井眼垮塌、井径不规则和地层渗透性好的井段，并返至油、气、水顶部以上不低于200m。

（3）作业过程中如果伴随井漏，要做好液面监测和吊灌工作，维持液面稳定，防止漏转溢发生。

（4）探水泥塞面时应采取安全措施防止未凝固水泥固结钻具或憋泵。

七、套管开窗

1. 井控风险

进行开窗作业前，套管内钻井液密度可能与开窗点地层压力存在密度差，可能发生溢流或发生井漏后转溢的井控风险。

2. 套管开窗前准备

（1）在开窗钻具组合中，安装近钻头浮阀。

（2）开窗前，做低泵冲试验，记录好泵冲数、流量、循环压力记录。

（3）编制开窗井控技术方案，并进行全员交底。

3. 套管开窗井控操作

（1）开窗时，应密切注意钻时变化，钻时突然加快应及时上提划眼，确认上部井眼畅通后采取试钻的方式钻进。

（2）若发生井漏起钻，应采取连续吊罐钻井液方式（按照钻具体积1.5~2倍体积吊灌），在静止堵漏期间，应从环空和钻具内间断吊灌浆，防止漏溢转换。

（3）侧钻过程与地层联通发生溢流，立即通知司钻关井，按照《塔里木油田钻井井控实施细则》钻进过程中发生溢流关井程序，实施关井。

4. 注意事项

（1）每次起钻完检查活动一次剪切及全封闸板，检查防喷器和控制系统的完好性，以保证其正常可靠。

（2）在非循环期间，如检修钻井液泵，必要时关紧立管闸阀，防止发生管内溢流。

（3）严格落实防喷演习和坐岗制度，确保能够及时发现溢流和迅速关井。

八、侧钻钻进

1. 井控风险

侧钻过程中，目的层存在发生溢流或由漏转溢的风险。

2. 侧钻钻进前准备

（1）根据老井目的层钻进和压井情况，合理选择钻井液密度钻进。
（2）施工中严格坐岗，发生溢漏，立即停钻。
（3）编制侧钻风险控制措施，全员交底。

3. 侧钻钻进井控操作

（1）作业期间钻井液工和录井联机员严格按照坐岗制度观察钻井液出口，并按要求灌浆，发现异常情况立即报告当班司钻。
（2）若井漏未失返，首先降低排量，若循环漏速不减，连续灌浆起钻至窗口以上，套管内循环测漏速，根据漏失情况制定有针对性的堵漏措施（降密度、随钻堵漏、段塞堵漏、桥浆堵漏等）。
（3）钻进期间发现失返性井漏，应立即上提钻具停泵后起钻至窗口以上，期间按钻具1.5~2倍容积吊灌，连续监测环空液面，防止漏溢转换，发现液面上升超过理论上升量，则立即关井观察。
（4）起钻至套管内后，根据液面深度折算地层压力系数，重新确定钻井液密度或桥浆堵漏。
（5）作业期间发生溢流，按《塔里木油田钻井井控实施细则》钻进过程中发生溢流关井程序，实施关井。

4. 注意事项

（1）老井一般压力衰竭，易发生井漏，若钻遇油气显示活跃的储层，易出现先漏后溢的情况，发现溢流立即关井。
（2）静止观察期间，不漏不溢，尝试开泵建立循环，如果小排量能建立循环，先循环排干净后效后，再下钻至井底循环排除后效。

第八节　台盆区碳酸盐岩井老井侧钻井控风险与防控措施

台盆区老井侧钻是增加产能的重要手段，也是井控风险较高的钻井工艺之一。本节从台盆区老井侧钻过程中的侧钻前准备和井口交接确认、压井施工、井口更换、井口套管头完整性评价、起管柱、封隔器正常解封、封隔器解封失败、油气层封堵、下斜向器开窗、侧钻进地层等典型工序进行了分析，对其中的井控风险、规范防控措施、重点注意事项等进行了详细阐述。

一、井口交接确认

1. 井控风险

（1）井口采油树长期投产，可能造成部分阀门内刺漏。

（2）老井经过气举诱喷、生产，地层实际压力不清楚。
（3）老井经投产后，井筒内可能聚集较高浓度硫化氢。
（4）老井套管破损，生产管柱堵塞、破裂。
（5）部分老井套管头锈蚀、损坏严重，存在闸阀、压力表缺失，密封失效。
（6）打水泥塞完井的老井，在钻水泥塞中可能钻遇高压。

2. 井口交接准备工作

（1）管柱结构、固井质量、老井及周边生产井的采（注）压力成果表、水泥塞的位置及段长、老井钻井发生的事故复杂等资料）。
（2）编制单井施工策划及井控应急预案。
（3）根据侧钻井设计准备井控装备、侧钻工具、钻具等。
（4）准备好合适密度的压井钻井液和重浆，液面队、水泥车到井待命。
（5）侧钻井井筒准备压井、换装井口期间井控风险较高，井控专家、试修工程师及工具方相关人员必须到位驻井把关。

3. 井口交接井控操作

（1）对井口套管头、采油树的完整性及试压情况进行交接确认。
（2）作业前了解周边注水（或注气）井的生产情况，及时与业主方进行沟通对周边有可能影响本井的注水（或注气）进行停注和放压。
（3）含硫油气井，地面准备的压井钻井液要根据硫化氢含量，按要求加入除硫剂，并保证钻井液的 pH 值不小于 11。

4. 注意事项

（1）井口交接时，要注意收集查证修井作业过程中的资料，防止对井下管柱、井下技术状况掌握不全面。
（2）若所接井为未投产的临时盲板完井，拆除盲板前先确认是否憋压，如有压力，先泄压后拆除盲板。钻井口水泥塞时可能发生油气聚集产生高压顶出钻具，应评估后对风险高的井采用小钻头钻通泄压后再恢复正常钻塞。

二、压井施工

1. 井控风险

（1）试压及压井期间，因压力较高井控装备刺漏，造成高压流体或硫化氢泄漏。
（2）压井前电缆通径、过油管穿孔作业存在卡电缆风险。
（3）部分井存在管柱上部油套连通，不能实施有效的循环压井，只能通过反复泵入压井液置换出井内油气压井，存在较大的井控风险。
（4）穿孔后挤压井可能出现圈闭压力。
（5）封隔器解封后胶筒收缩不完全，起原井管柱时将地层流体抽进井筒导致溢流。

2. 压井施工前准备

（1）压井前按要求对采油树、节流压井管汇进行试压，试压合格后方可施工。
（2）施工前工程师检查各路管线、阀门开关，确保正确无误。
（3）压井时必须人员到位，分工明确，保证通信畅通，作业连续进行。
（4）泵车必须对设备检查到位，按要求进行操作，施工必须连续。

（5）准备两条供液管线，保证泵车供液连续，钻井液泵做好备用准备。

（6）压井期间供液专人负责，对讲机提前充好电，泵车专人看守，保证为泵车连续供液。

3. 压井施工井控操作

（1）连接油套放压管线，分离器出口点长明火，油套放压，出口见液关井。

（2）正挤 5~10m³ 高黏坂土浆 +1.5~2 倍水眼容积清水 + 口袋容积，停泵观察，根据液面或油压求取地层压力，确定合适的压井液密度。

（3）正挤（控制泵压 30MPa）1.5~2 倍水眼容积 + 口袋容积压井液压井。

（4）若油套连通，确认封隔器已失效，大排量（控制泵压 20MPa）反挤 1.5 倍环空容积压井液，并按以下程序进行油管通径、切割作业。

①每 15min 环空吊灌 0.6m³、管柱内吊灌 0.2m³ 压井液，观察 5h 监测液面，如液面稳定，再重复进行一次正反压井作业，确保井筒油套压稳定后，进行侧钻点以下管柱切割作业。

②安装好电缆防喷器并试压合格，电缆通径至切割点（侧钻点以下 50~100m）以下 1 根油管位置。每 15min 环空吊灌 0.6m³、管柱内吊灌 0.2m³ 压井液，并监测液面。通径完下切割弹至油管切割位置进行切割。

（5）确认割断后正挤一个水眼容积 + 口袋容积压井液，安装油管挂堵塞阀并试压合格，为换装井口作业做好准备。若油套不连通，封隔器验封 10MPa，正挤后观察 5h 监测液面，每 15min 管柱内吊灌 0.2m³ 压井液。如液面稳定，重复进行一次正挤压井作业，确保油管内压力稳定，并按如下程序进行油管通径、切割、穿孔作业。

①安装好电缆防喷器并试压合格，电缆通径至切割点（侧钻点以下 50~100m）以下 1 根油管位置。管柱内 15min 吊灌 0.2m³ 压井液，并监测液面。

②通径完下切割弹至油管切割位置进行切割。确认割断后正挤一个水眼容积 + 口袋容积压井液。

③下射孔枪在封隔器以上穿孔，油管穿孔后，反挤 1.5 倍环空容积钻井液敞井观察 24h（下油管挂堵塞阀换装井口至试压结束时间），监测好液面，每 15min 环空灌液 0.6m³ 水眼灌液 0.2m³ 吊灌浆，控制液面稳定，确定换装井口安全后，再正挤水眼、反挤环空内容积 1.5 倍钻井液，下油管挂堵塞阀并试压合格，为换装井口作业做好准备。

4. 注意事项

（1）压井开泵及压井过程中密切注意压力，发现异常立即停泵。

（2）压井作业期间非作业人员远离高压区，严禁进入高压区或停留，防止高压伤害。

（3）压井施工井口安排专人进行巡检并监测硫化氢，发现漏点立即汇报。

（4）加强对管线检查，发现管线刺漏及时停止施工作业。

三、井口更换

1. 井控风险

（1）拆卸采油树螺栓，或吊装采油树时，发现液体（气体）溢流。

（2）安装防喷器时生液体（气体）溢流。

（3）井口防喷器试不住压，或者死堵未能有效实现封堵，造成堵塞阀失效和管内联通。

2. 井口更换前准备

（1）防喷器组的选择应符合《塔里木油田试油井控实施细则》和设计要求，现场技术人员和试油监督要检查确认。

（2）井队提前将换装井口申报审批单填写好，分析好管内管外井口风险，两道屏障确定有效，制定防控措施报业主单位审批。

（3）确认井筒内液柱压力平衡和安全作业时间。压井结束后，静止观察一个安全作业时间，安全作业时间≥井口换装及试压的作业时间+附加时间3~5h。

（4）地面准备拆甩工具、钢丝绳套、对讲机等，开展作业交底和更换井口期溢流应急处置演练。

（5）测准安全作业时间后，并在静止观察无外溢后，再次进行压井作业，施工结束后方可进行井口更换。

3. 井口更换井控操作

（1）安装油管挂堵塞阀，返打压验封；如液面不在井口环空，每15min吊灌不少于0.6m³压井液，液面队每15min监测一次液面变化。

（2）拆甩采油树，拆螺栓及连接管线，若发生溢流，及时将采油树复位，并上紧螺栓。

（3）起吊移开采油树，起吊时先进行一下试吊，防止出现吊装倾翻、人员伤害等事件。

（4）安装防喷器组，并按要求进行上紧螺栓，连接液控管线，进行试压。试压结束后，对试压期间承压的所有法兰螺栓重新紧固一遍。

（5）确认井内无压力后取出堵塞阀。

4. 注意事项

（1）安装防喷器过程中，发生溢流，及时上紧螺栓，连接液控管线，实施关井作业。

（2）换装井口期间高危作业，井队值班干部指挥作业，安全监督旁站监督，确保风险受控，井架底座横拉筋对安装防喷器组产生障碍时应提前卸下。

四、井口套管完好性评价

1. 井控风险

（1）前期长时间作业过程中，存在套管磨损、管柱破损及井完整性失效，无法满足后期施工作业。

（2）套管头存在主副密封失效，试压稳不住。

2. 井口套管完好性评价前准备

（1）前期确保井筒内压力平衡前提下，井口安装防喷器，按照《塔里木油田钻井井控实施细则》及设计要求试压合格。

（2）编写作业过程的措施及井控预案。

3. 井口套管完好性评价井控操作

（1）对套管头主副密封进行试压。考虑到套管年限久远及磨损等因素，对井口套管头试压时，以5MPa为增幅阶梯，逐级试压至预定压力。

（2）对井口防喷器组进行试压。下入试压塞，打开旁通阀，按规定对井口防喷器进行试压，并注意观察旁通阀是否存在渗漏。

（3）套管刮壁。下入刮壁器对侧钻点以上套管进行刮壁，必要时可泵入稠浆（不低于80s）携带附壁物，起钻过程中防止抽吸引发溢流。

（4）套损电测。根据测井资料分析套损情况，重点落实套变井段，电测期间确保压稳油气，井口防喷措施到位。

（5）套管试压。在井深1000m左右的致密地层以下20m下入封隔器，对上部套管进行试压，每次递增5MPa，逐级试压，最大不超过20MPa，稳压30min（每次打压、泄压核实好泵入量及回流量，防止发生溢流）；如试压不合格，对套管进行分段试压找漏，必要时进行套损段处理。

（6）起下管柱或电缆过程中，按照要求落实坐岗制度，发生溢流按照细则要求组织关井。

（7）结合以上资料，评估井筒及井口完整性，为后续作业井控措施制定提供依据。

4. 注意事项

（1）主密封失效、两道及以上副密封失效时，必须采取注入特殊密封脂进行堵漏，确保主副密封满足试压及后期作业要求。

（2）详细掌握侧钻井固井质量、井眼轨迹、地层压力、流体类型等相关资料，熟悉套管串结构、套管头规格以及密封类型。

（3）对于含硫井，在压井液中加入适量除硫剂，做好硫化氢监测和防护工作。

五、封隔器正常解封

1. 井控风险

（1）起管柱时油气层已打开，存在溢流风险和井漏转溢流的风险。

（2）解封封隔器期间，由于拉伸距不够，油管挂可能无法提出钻台面，存在解封过程中发生溢流时无法及时关井的风险。

（3）拆卸油管挂时，抢接内防喷工具和紧扣不方便，存在发生溢流时内控失控的风险。

2. 封隔器正常解封准备

（1）防喷器组试压合格，封心与油管匹配，提前准备好防喷变扣。

（2）解封封隔器前需完成过油管穿孔、压井、切割等工序。

（3）封隔器解封时，上提油管吨位不能超过井口油管安全抗拉载荷，上提单根坐吊卡，静止30min以上，给封隔器胶筒充分的恢复收缩时间，防止胶筒破坏落井和抽汲起钻。

3. 封隔器正常解封井控操作

（1）对接油管挂，将顶丝全部松到位，提前绑好吊卡、吊环，井口接好旋塞阀，缓慢上提管柱，提出油管挂，解封封隔器。

（2）封隔器解封后，静止30min，待胶筒恢复后进行下步作业。

（3）将油管挂坐在钻台面吊卡上，卸掉堵塞阀及油管挂。

（4）再次循环1.5周至出入口液性一致，注入稠浆塞段塞起甩油管，控制起钻速度，防止封隔器抽汲引发溢流；若不能建立循环，则吊灌起甩油管，按照1.5~2倍起出油管的体积吊灌浆，保持井下微漏，监测好环空液面，保持液面稳定，发现液面异常立即关井；液面上涨及时关井，分析上涨原因，采取加大吊灌量、反推措施，确保井控安全。

(5)起油管至300m内,拆旋转控制头总成,采取连续灌浆及时发现井漏或溢流,若液面不在井口,反推钻井液1000m,起甩封隔器。

4. 注意事项

(1)解封后循环或挤压井后出现井漏或溢流情况,要把井控安全放到第一位,合理调整压井液密度。

(2)起油管前准备好与井内油管扣型一致的防喷变扣,提前连接好旋塞并紧扣,放置于钻台便于取用的地方。

六、封隔器解封失败处理

1. 封隔器解封换失败处理井控风险

(1)起管柱时油气层已打开,存在溢流风险和井漏转溢流的风险。

(2)解封封隔器期间,由于拉伸距不够,油管挂可能无法提出钻台面,存在解封过程中发生溢流时无法及时关井的风险。

(3)解封失败,在后续作业中要防止封隔器下部圈闭油气突然联通引发溢流。

(4)采用套铣打捞、钻磨等方式处理封隔器过程中,存在发生溢流的风险。

(5)拆卸油管挂时,抢接内防喷工具和紧扣不方便,存在发生溢流时内控失控的风险。

2. 封隔器解封换失败处理准备

(1)防喷器组试压合格,封心与油管匹配,提前准备好防喷变扣。

(2)解封封隔器前需完成过油管穿孔、压井、切割等工序。

(3)提前准备好套铣打捞、钻磨式处理封隔器的工具。

(4)提前备好变扣并和旋塞上紧扣,做好起甩油管及封隔器期间溢流处置预案。

3. 封隔器解封换失败处理井控操作

(1)对接油管挂,将采油四通全部松到位,缓慢上提管柱,提出油管挂,尝试解封封隔器(上提解封封隔器前绑好吊卡、吊环,井口接好旋塞阀)。

(2)若封隔器解封困难,经长时间活动管柱仍不能解封,制定处理封隔器作业方案。

(3)对封隔器上部油管进行切割,压井。

(4)若能建立循环,则再次循环1.5周至出入口液性一致,注入稠浆塞段塞,确保井压稳后将油管挂坐在钻台面吊卡上,卸掉堵塞阀及油管挂,安装旋转控制头总成,起甩油管,控制起钻速度,防止封隔器抽汲引发溢流;若不能建立循环,则吊灌起甩油管挂,安装旋转控制头总成,按照1.5~2倍起出油管的体积吊灌浆,保持井下微漏,监测好环空液面,保持液面稳定,发现液面异常立即关井;液面上涨及时关井,分析上涨原因,采取加大吊灌量、反推措施,确保井控安全。

(5)套铣打捞封隔器上部水力(上卡瓦),打捞封隔器及下部管柱,每趟钻钻具带浮阀,做好内防喷工作;每趟起钻前,井内保证至少有一段稠浆塞封隔,打捞大吨位活动的钻具,必须及时探伤。

(6)套铣打捞封隔器不成功,则通过钻磨将封隔器卡瓦磨穿,将封隔器残体推至井底。

(7)若能建立循环,必须循环至进出口液性一致;若不能建立循环,吊灌起钻前回推定量钻井液,监测环空液面,吊灌起钻,保持液面稳定。

（8）起油管至300m内，拆旋转控制头总成，反推钻井液1000m套管容积，起甩封隔器。

4. 注意事项

（1）解封失败，在后续作业中要重点防止封隔器下部圈闭油气突然联通引发溢流。

（2）入井打捞工具入井前画好草图、作业前做好管柱称重，并详细记录开、停泵参数，上提下放重量。

七、起管柱

1. 起管柱井控风险

（1）起管柱时油气层已打开，存在溢流风险和井漏转溢流的风险。

（2）解封封隔器期间，由于拉伸距不够，油管挂可能无法提出钻台面，存在解封过程中发生溢流时无法及时关井的风险。

（3）拆卸油管挂时，抢接内防喷工具和紧扣不方便，存在发生溢流时内控失控的风险。

2. 起管柱前准备

（1）确认井筒内液柱压力能平衡地层压力，井眼畅通，满足起管柱要求。

（2）按《塔里木油田试油井控实施细则》第六十三条起下管柱作业井控要求的四种情况进行短程起下钻检测油气上窜速度，满足下步作业的安全时间方可施工。

（3）检查井口防喷器组及控制系统，确保处于正常待命工况。

（4）在钻台上准备好内放喷工具或者防喷单根，放在方便的地方备用。

（5）现场负责人召开起管柱前交底会，做好起管柱关井演练。

3. 起管柱井控操作

（1）对接油管挂，将采油四通顶丝全部松到位，缓慢上提管柱，提出油管挂，解封封隔器（上提解封封隔器前绑好吊卡、吊环，井口接好旋塞阀）。

（2）封隔器解封后，静止30min，待胶筒恢复后进行下步作业。若封隔器解封困难，则进行活动管柱，上提吨位不能超过井口管柱最小抗拉强度的80%。经长时间活动管柱仍不能解封，制订处理封隔器作业方案，如对封隔器上部油管进行切割，套铣打捞封隔器，处理封隔器及下部管柱。

（3）若封隔器能顺利解封，则反挤钻井液压井、再正挤钻井液压井，清洁封隔器以下口袋容积；若漏速小于$10m^3/h$，则正循环洗井至进出口液性一致；现场可根据压井后可能出现的井漏或溢流情况适当调整压井液密度；若井漏液面不在井口，进行液面监测，摸清井下漏失规律，制定环空吊灌措施。

（4）提前换好钳头，备好旋转控制头总成，待油管挂起出钻台面后，具备条件的可装入旋转控制头总成。

（5）起油管过程中，必须控制上提速度，加强液面监测，及时吊灌，控制液面稳定。液面上涨关井，分析上涨原因，采取加大吊灌量、反推措施，确保井控安全。

（6）起油管至300m内，拆旋转控制头总成，反推钻井液1000m套管容积，起甩封隔器。

4. 注意事项

（1）若循环或挤压井后出现井漏或溢流情况，要把井控安全放到第一位，合理调整压井液密度。

（2）若地层存在圈闭定容，封隔器口袋无法清洁，则起钻前考虑注入 3~5MPa 重凝胶段塞滞气。

（3）起油管前准备好与井内油管扣型一致的防喷变扣，保证变扣丝扣完好。

八、油气层封堵

1. 井控风险

（1）侧钻前老井眼油气层已打开，存在井漏、溢流风险和井漏转溢流、硫化氢逸出的风险。

（2）漏失井注水泥塞无法保证封固质量，存在钻塞期间井漏溢流的风险。

2. 油气层封堵前准备

（1）召开固井协调会，根据需要，在设计注水泥塞井段以下坐桥塞或注高黏段塞。

（2）提前准备好防喷单根，施工前行模拟演练。

（3）施工前测油气上窜速度，合理调整浆柱结构，确保压稳。

（4）制定注水泥期间的井控措施并对班组交底。

3. 油气层封堵井控操作

（1）若能建立循环，则将作业管柱下（或起）至设计注水泥塞段底部位置，循环一周以上；若不能建立循环，则通过前期吊灌规律，采取高注高挤方式注前置液、水泥浆、顶替液，起作业管柱 300m，监测液面，候凝。

（2）按设计注入前置液、水泥浆、顶替液；注替期间核对和复算各种作业流体的注入量。

（3）上提作业管柱至设计塞面位置以上 20~30m，循环一周，循环时应低速旋转并向上活动管柱。

（4）短起不少于 100m 或将作业管柱起出井口，起钻过程中应连续灌浆，候凝。

（5）探钻水泥塞、钻塞。下牙轮钻头探塞，低转速、低泵冲探水泥塞面，遇阻后旋转加钻压 10~20kN，上提钻具，旋转下放再次加钻压 10~20kN，若两次深度相符，则此深度为水泥塞面。钻塞至设计位置，对水泥塞进行静压 50~80kN 无位移合格。

4. 注意事项

（1）注水泥期间每 $2m^3$ 核对一次泵入返出量，若出现微漏、可适当降低替浆排量。

（2）若返出量增大，立即汇报当班司钻，导入节流循环将水泥浆替出，控压起钻、循环、憋压候凝。

（3）候凝期间溢流，补充因失重导致的压力损失，压稳地层，选择合适的缓凝剂，保证强度发展快，快速封堵油气层。

（4）严格执行每 2h 检测一次 pH 值，关注出口钻井液颜色，发黑则及时补充除硫剂，胶液内按照井浆除硫剂浓度加入除硫剂。

（5）大漏失返井注水泥塞，提前评估地层承压能力，探索漏失通道是否畅通；对于承压能力低、吃入好、漏失通道完全打开的地层，可采取高注高"落"压力平衡水泥塞方式打塞。

九、下斜向器开窗

1. 井控风险

（1）桥塞失效，注水泥塞、候凝期间，油气上窜存在溢流风险。

（2）在铣锥开窗期间，开窗点附近套管固井质量不好，油气沿水泥环上窜存在溢流风险。

2. 下斜向器开窗前准备

（1）通井刮壁钻具组合安装内防喷工具，宜采用钻刮一体化管柱。

（2）液面不在井口，应定时监测环空液面，根据液面变化情况调整灌浆量和浆体密度。

（3）制定开窗技术方案，明确井控风险防控措施，对全员进行交底。

3. 下斜向器开窗井控操作

（1）下桥塞过程中控制井内液面稳定，管柱内外液柱压力平衡；下至预定位置（避开套管接箍位置，宜在套管中部），按工具方指令打压坐封、验封、丢手；循环处理钻井液，短起下检测油气上窜速度一并验证桥塞是否密封，满足要求后打一段重浆帽（附加压力3~5MPa）起钻。

（2）注水泥塞确保水泥砂段长不低于300m，起钻到塞面以上500m，循环排除混浆，憋压候凝；候凝结束下探水泥塞5~8t，无位移合格。

（3）起钻换钻井四通或钻采一体化四通、钻水泥塞、刮壁、下斜向器、坐封斜向器。

（4）下铣锥开窗，精确计算数据，铣锥下到斜向器顶尖0.5m左右时，缓慢旋转下放到顶尖位置，开始开窗，与地层联通后起钻前短起下，检测油气上窜速度。

（5）作业过程重点保证水眼内防喷措施到位，全程严格落实坐岗制度，做好溢流监测工作，有异常立即组织关井。

4. 注意事项

（1）井处于漏失状态，每次起钻时要在合适位置注一段稠浆塞。按规定监测好液面和定时灌浆，特别是空井和停等时，根据液面变化情况调整灌浆量和浆体密度。

（2）关注开修窗过程中扭矩波动、液面变化、气测情况。若发生井漏、溢流说明套管外与原井眼油气层连通，及时处置，调整钻井液密度。

十、侧钻进地层

1. 井控风险

（1）水泥胶结不好，侧钻期间新井眼和老井眼地层连通，老井长期生产造成地层亏空，易发生井漏，存在井漏转溢流的风险。

（2）开窗点套管周围水泥胶结不好，侧钻时出现水泥掉块，造成卡钻风险。

（3）侧钻进地层后，目的层钻进可能发生井漏、溢流及硫化氢外溢。

（4）碳酸盐岩目的层作业，酸性气体污染较严重，钻井液气泡多影响液面计量，不易及时发现溢流。

2. 侧钻进地层前准备

（1）开窗进入目的层的井，按程序组织钻开目的层验收。

（2）施工期间，要定期对周边注水（注气）井进行巡查，看是否按要求进停注。

（3）根据老井目的层钻进和压井情况，合理选择钻井液密度钻进。

（4）施工中严格坐岗，发生溢漏，立即停钻。

（5）提前编制单井目的层井控应急预案及控压钻进方案并进行全员技术交底。

3. 侧钻进地层井控操作

（1）确认开窗成功后，起出开窗管柱，下入牙轮钻头+常规钻具组合（接入内防喷工具），对开窗点进行修整并钻出定向组合零长，便于后期下入定向组合。

（2）钻进期间发现失返性井漏，应立即上提钻具停泵后起钻至窗口以上，期间按钻具1.5~2倍容积吊灌，连续监测环空液面，发现液面上升超过理论上升速度，则立即按照《塔里木油田钻井井控细则》关井观察。

（3）起钻至套管内后，灌浆至井口，若无法灌满至井口，根据液面情况，计算地层压力系数，重新确定钻井液密度。

（4）钻遇酸性气体，加入适量抗污染处理剂。

（5）坐岗。

4. 注意事项

（1）井口防喷器组合要充分考虑半封闸板距转盘面位置，在正常关井时不能关在钻杆接头及加厚部分。

（2）老井一般压力衰竭，易发生井漏，若钻遇油气显示活跃的储层，易出现先漏后溢的情况，发现溢流立即关井。

（3）如果没有液面监测队，司钻在起钻过程密切注意悬重变化，如果悬重快速增加，立即实施关井观察。

第三章 完井过程中井控风险及防控措施

库车山前高压气井、台盆区碳酸盐储层井完井作业工序繁杂、工具多样、节奏很快，井筒内油气活跃、压力窗口窄，井控风险高。本章对完井作业的典型工序逐项进行了井控风险分析，针对性明确了安全操作程序，提出了井控防控措施，用于指导现场完井作业过程井控安全操作。

第一节 山前高压气井完井作业井控风险与防控措施

完井作业是在井眼与油气储层之间建立连通的作业过程，是钻完井工程的重要组成内容。山前高压气井的完井作业一般包括：测井、尾管固井、回接套管、换装井口、钻塞、套管柱检测、负压验窜、射孔、下完井管柱等作业工序，工序步骤繁多、工序转换复杂、井控风险高。整个完井作业期间，影响井控安全的因素众多、井控风险多变、井控难度大，本节对高压气井完井作业过程中各典型工序的井控风险、安全操作程序、防控措施进行了详细阐述。

一、测井通井

1. 井控风险

（1）通井起钻过程中，起钻速度过快，产生过大的抽汲压力，导致溢流的风险。

（2）通井下钻过程中，下钻速度过快，产生过大的激动压力，导致井漏、漏转溢的风险。

2. 测井通井井控操作

（1）钻井液工和录井联机员严格按照坐岗制度监测液面，及时发现溢流和井漏。

（2）起下钻期间按照，每3~5柱钻杆、1柱钻铤核对一次钻井液灌入量，常规起钻采取连续灌浆方式灌浆。

（3）通井过程中，发生溢流后按照《塔里木油田钻井井控实施细则》起下钻杆过程中发生溢流关井程序，实施关井。

3. 注意事项

（1）通井完毕后，必须排尽后效，在电测安全时间内再进行起钻作业。

（2）对于井漏的井，必须进行堵漏作业，满足测井通井要求。

二、电缆测井

1. 井控风险

（1）测井期间组装、拆卸仪器期间存在空井溢流的风险。

（2）在电缆测井作业期间，一旦发生溢流，井筒中存在电缆，不能直接关井，此时必须先抢接电缆悬挂接头、带旁通阀的双内螺纹接头，剪断电缆，抢下防喷单根（立柱），实施关井，此操作较为复杂，存在操作时间过长带来的井控风险。

2. 电缆测井前准备

（1）作业前测井队准备电缆悬挂器、旁通接头、液压快速断线钳和性能满足要求的电缆卡子，认真检查确保电缆悬挂器各部件完好，扣型正确，变扣短节满足作业要求，液压快速断缆钳完好，工作正常，接井前各井控工具摆放到钻台，处于完好待命状态。

（2）检查准备好防喷单根上端接旋塞下端接双内螺纹接头，放在坡道或方便抢接的位置备用。

（3）确认井筒内液柱压力平衡、井下安全时间满足电缆测井作业要求。

（4）钻井队必须配备 $3\frac{1}{2}$in 吊卡（坐电缆悬挂接头用），相关人员到位。

3. 电缆测井井控操作

（1）测井前井队与测井队制定测井井控技术措施，并对班组人员进行技术交底，开展井队班组与测井队在井口进行剪切电缆应急演练，合格后开始测井作业。

（2）测井期间控制仪器上提、下放速度，裸眼井段要慢速起下，在井口安装测井仪器时，应在井口处进行防落物保护，放射性测井配备井口、平台防落装备（如源布等），将井口及周围 1m 以内全部盖住，防止裸源掉落。

（3）测井期间钻井液工和录井联机员要坐岗观察钻井液出口，并按要求灌浆，发现异常情况立即报告当班司钻。

（4）测井组装、拆卸仪器期间发生溢流，按照《塔里木油田钻井井控实施细则》空井发生溢流关井程序，实施关井。

（5）测井期间发生溢流，按照《塔里木油田钻井井控实施细则》电测测井溢流关井程序，实施关井。

4. 注意事项

（1）对于有油气显示井，钻井队在测井前要准确测量油气上窜速度，明确测井安全时间。

（2）测井所需时间超过安全测井时间的，要中途通井循环排除后效或放射性测井前应重新通井确保井眼条件、安全时间满足后续测井要求。

（3）日费井由钻井监督、总包井由钻井队平台经理根据溢流性质、大小决定何时剪断电缆关井，钻井队和测井队应全力配合。

三、传输测井

1. 井控风险

（1）测井期间组装、拆卸仪器期间存在空井溢流的风险。

（2）在传输测井作业期间，一旦发生溢流，钻具传输旁通如果已经下入井内，井筒中存在电缆不能直接完成关井，此时必须利用电缆固定装置立即将电缆卡在钻杆上，在卡点以上 50cm 左右剪断电缆，下放钻具，实施关井，此操作较为复杂，存在操作时间过长带来的井控风险。

2. 传输测井前准备

（1）作业前认真检查确保电缆卡箍各部件完好，锁紧工具运动灵活，电缆卡箍与钻具匹配良好；液压断缆钳油量充足、管线完好，工作正常。

（2）按摆放要求将检查好的电缆卡箍摆放至钻台上备用。

（3）钻井队负责将天滑轮挂在天车台正前方的横梁上，吊天滑轮的吊索由测井队提供，应承受20t以上的拉力，不影响起下传输工具为原则，天滑轮吊升过程中，钻台上所有人员应撤离井口。

（4）传输测井前取出井口防磨套，以防测井时挤伤测井电缆。

3. 传输测井井控操作

（1）测井前井队与测井队制定测井井控技术措施，并对班组人员进行技术交底，开展井队班组与测井队在井口进行剪切电缆应急演练，合格后开始测井作业。

（2）测井期间钻井液工和录井联机员要坐岗观察钻井液出口，并按要求灌浆，发现异常情况立即报告当班司钻。

（3）测井组装、拆卸仪器期间发生溢流，按照《塔里木油田钻井井控实施细则》空井发生溢流关井程序，实施关井。

（4）传输测井期间发生溢流，按照《塔里木油田钻井井控实施细则》钻杆传输测井溢流关井程序，实施关井。

（5）下钻传输测井仪器过程中每1500m左右应开泵顶通。

（6）下钻到预定位置后开泵循环钻井液不少于1周。

4. 注意事项

（1）日费井由钻井监督、总包井由钻井队平台经理根据溢流性质、大小决定何时剪断电缆关井，钻井队和测井队应全力配合。

（2）由于旁通下入井内，电缆在钻具外发生溢流的关井程序较为复杂，在传输测井作业前，应该加强该工况的溢流关井联合演练，测井队、钻井队执行关井操作人员熟练掌握关井程序。

四、直推测井

1. 井控风险

（1）测井期间组装、拆卸仪器期间存在空井溢流的风险。

（2）测井期间仪器在井下施工起下钻存在溢流的风险。

2. 直推测井前准备

（1）作业前检查仪器提升护帽、转换短节、变扣短节，确认完好。

（2）防喷单根（立柱）连接好放一旁备用，仪器提升护帽放在钻台处于待命状态。

3. 直推测井井控操作

（1）作业期间钻井液工和录井联机员严格按照坐岗制度观察钻井液出口，并按要求灌浆，发现异常情况立即报告当班司钻。

（2）测井前井队与测井队制定测井井控技术措施，并对班组人员进行技术交底，井队班组与测井队在井口开展联合应急演练，合格后开始测井作业。

（3）测井组装、拆卸仪器期间发生溢流，按照《塔里木油田钻井井控实施细则》空井发生溢流关井程序，实施关井。

（4）测井期间发生溢流，按照《塔里木油田钻井井控实施细则》起下钻杆过程中发生溢流关井程序，实施关井。

4. 注意事项

直推测井作业前，应该加强该工况的关井演练，测井队、钻井队执行关井操作人员熟练掌握关井程序。

五、随钻测井

1. 井控风险

（1）组装、拆卸仪器期间，存在空井溢流的风险。

（2）仪器在井下施工起下钻存在井漏、漏转溢的风险。

2. 随钻测井前准备

（1）作业前，检查仪器提丝、转换短节、提升短节，确认完好。

（2）防喷单根（立柱）连接好放一旁备用，提升短节放在钻台处于待命状态。

3. 随钻测井井控操作

（1）作业期间钻井液工和录井联机员严格按照坐岗制度观察钻井液出口，并按要求灌浆，发现异常情况立即报告当班司钻。

（2）测井前井队与测井队制定测井井控技术措施，并对班组人员进行技术交底，开展井队班组与测井队在井口开展联合应急演练，合格后开始测井作业。

（3）测井组装、拆卸仪器期间发生溢流，按照《塔里木油田钻井井控实施细则》空井发生溢流关井程序，实施关井。

（4）测井期间发生溢流，按照《塔里木油田钻井井控实施细则》起下钻杆发生溢流关井程序，实施关井。

4. 注意事项

（1）对于油气显示井，钻井队在测井前要准确测量油气上窜速度，明确测井安全时间。

（2）测井所需时间超过安全测井时间的，要中途通井循环排除后效或放射性测井前应重新通井确保井眼条件、安全时间满足后续测井要求。

六、地层承压试验及堵漏

1. 井控风险

承压试验过程中，可能出现压漏地层，导致井漏、漏转溢的井控风险。

2. 套管刮壁及通井前准备

（1）提前落实刮壁器类型，若使用一体式刮壁器需提前排好钻具，按要求在刮壁井段进行刮壁作业，原则上最大下深距套管鞋以上30m。

（2）检查井口防喷器组及控制系统，确保处于正常待命工况；现场负责人召开刮壁前交底会，进行任务安排，要求分工明确、任务清晰、如有异常立即汇报。

2. 地层承压试验及堵漏前准备

1）承压试验前准备

（1）现场负责人召开承压试验前交底会，进行任务安排，要求分工明确、任务清晰、如有异常立即汇报。

（2）确认钻具起下至安全井段，一般在管鞋内做承压试验。

（3）提前确认落实井口接有旋塞，状态良好，处于开启状态。

(4）检查井口防喷器组及控制系统，确保处于正常待命工况。

2）承压堵漏前准备

(1）现场负责人召开承压堵漏前交底会，进行任务安排，要求分工明确、任务清晰、如有异常立即汇报。

(2）确认钻具起至漏层以上的安全井段，严禁钻头在漏层以下进行承压堵漏作业。

(3）提前确认落实井口接有旋塞，状态良好，处于开启状态。

(4）提前确认落实钻头水眼合适，具备堵漏施工条件，具备条件的可更换独水眼钻头或光钻具＋铣齿接头进行堵漏。

(5）检查井口防喷器组及控制系统，确保处于正常待命工况。

3. 地层承压试验及堵漏井控操作

1）承压试验井控操作

(1）承压实验，缓慢开泵，逐渐打压，根据泵入量、立压和套压变化值判断地层承压情况。

(2）若承压过程中地层发生恶性漏失，套压下降至 0，则须立即通过反循环管线吊灌方式确认能否灌满，若能灌满，尝试建立循环，再下钻到底后，排后效；若无法灌满，则立即组织开展井下液面监测（期间环空、水眼间断灌浆），地面准备堵漏浆，再进行堵漏作业。

2）承压堵漏井控操作

(1）作业期间钻井液工和录井联机员严格按照坐岗制度观察钻井液出口，并按要求灌浆，发现异常情况立即报告当班司钻。

(2）作业期间发生溢流，按《塔里木油田钻井井控实施细则》钻进过程中发生溢流关井程序，实施关井。

(3）起钻至漏层以上安全井段按承压堵漏方案进行堵漏施工。

(4）若承压堵漏过程中发生井漏失返，则将堵漏浆全部推出钻具后，立即吊灌浆看能否灌满，若能灌满，尝试建立循环，再下钻到底后，排后效；若无法灌满，则立即组织开展井下液面监测（期间环空、水眼间断灌浆），地面重新配制堵漏浆，再进行承压堵漏作业。

4. 注意事项

(1）承压过程中若突然失返，有可能存在置换导致油气水等进入井筒，必须排干净后效，完全压稳后才能起钻。

(2）承压堵漏过程中若液面一直不在井口，有可能存在置换导致油气水等进入井筒，必须将水眼、环空堵漏浆推干净，保证井下安全后，再进行下步承压堵漏施工。

七、套管刮壁及通井

1. 井控风险

起下钻、循环过程及通井过程中存在溢流的井控风险。

2. 套管刮壁及通井井控操作

作业期间钻井液工和录井联机员严格按照坐岗制度观察钻井液出口，并按要求灌浆，发现异常情况立即报告当班司钻。

1）套管刮壁井控操作

(1）若起下钻过程中发生溢流，则按《塔里木油田钻井井控实施细则》起下钻杆过程中发生溢流关井程序，实施关井。

（2）若下钻到位，循环过程中发生溢流，则按《塔里木油田钻井井控实施细则》钻进过程中发生溢流关井程序，实施关井。

（3）若循环过程中难以排尽油气后效，则须通过打重浆帽或提密度，短起下验证后效是否满足安全起钻要求，再进行打重浆帽、起钻作业。

2）套管通井井控操作

（1）起下钻过程中发生溢流，参照《塔里木油田钻井井控实施细则》起下钻杆过程中发生溢流关井程序，实施关井。

（2）循环过程中间发生溢流，按照《塔里木油田钻井井控实施细则》钻进过程中发生溢流关井程序，实施关井。

（3）通井过程中钻头出裸眼注意悬重变化，遇阻5t以内，活动钻具无法消除，进行划眼至井眼通畅。

（4）井底沉降堵漏的井，通井预留口袋提前与地质沟通是否满足封固要求。

3. 注意事项

刮壁、通井完毕后，必须摸清油气上窜情况，再进行起钻作业。

八、下尾管

1. 井控风险

（1）下尾管时，油气层已钻开，存在井漏、溢流、漏转溢的风险。

（2）尾管完全下入井筒前，防喷器组可能没有对应尺寸的半封闸板，不能直接关套管完成关井。

（3）下管柱过程中因激动压力造成井漏，存在漏转溢的风险。

（4）管柱内防喷失效带来的井控风险。

（5）抢接内防喷工具时，存在钻杆扣和套管扣变扣连接和紧扣不便，延误关井时间的风险。

2. 下尾管前准备

（1）确认井筒内液柱压力平衡、井下安全时间，井眼畅通，满足下尾管要求。

（2）按固井尾管管串设计，落实尾管和附件齐全、丝扣完好、提前合扣。

（3）检查井口防喷器组及控制系统，确保处于正常待命工况。

（4）检查钻机提升系统、动力系统、套管钳，下套管期间不会发生故障。

（5）在钻台上准备好防喷立柱或防喷单根，检查循环头，要求具备上提尾管重量时不会发生断裂、脱扣的风险，防喷单根放在便于起吊抢接的位置。

3. 下尾管井控操作

（1）作业期间，钻井液工和录井联机员严格按照坐岗制度观察钻井液出口，并按要求灌浆，发现异常情况立即报告当班司钻。

（2）下尾管前井队与套管队制定下尾管井控技术措施，并对班组人员进行技术交底，井队班组与套管队在井口进行联合应急演练，合格后开始下尾管作业。

（3）下尾管期间发生溢流，按照《塔里木油田钻井井控实施细则》下套管、筛管作业发生溢流关井程序，实施关井。

（4）尾管下完在井口接悬挂器期间发生溢流，首先拆甩悬挂器，抢接防喷单根（立柱），下放防喷单根（立柱），如确定能在短时间内转入下钻杆状态，则完成尾管悬挂器连接，下入钻杆，按《塔里木油田钻井井控实施细则》起下钻杆过程中发生溢流关井程序，实施关井。

（5）下尾管期间发生井漏，继续下尾管，如液面不在井口，则在吊灌浆的同时下入尾管，尽快进行液面监测，发现漏转溢则抢接防喷单根（立柱），实施关井。

（6）下入尾管量较少，井内出现井漏现象，可以将尾管起出，下钻处理井漏，恢复正常后再下尾管。

4. 注意事项

（1）下送期间发生井漏，则控制下钻速度，继续下送尾管到位，如液面不在井口，还需吊灌浆，尽可能保证井内液柱压力能平衡地层压力，定时监测液面变化。

（2）下送尾管到位后坐挂，小排量缓慢开泵顶通，之后逐渐加大排量循环，排完后效，转入固井。

（3）下尾管作业期间属于高井控风险时段，要保障施工连续，缩短固井施工时间。

（4）下尾管期间发生异常，把发现溢流及时关井作为第一要务，工作安排要能及时发现溢流，确保能迅速关井。

九、尾管固井

1. 井控风险

（1）尾管下到位后，存在循环时发生溢流的风险。

（2）尾管固井施工期间，存在溢流的风险。

（3）尾管固井施工完，拔出中心管起钻时，未按起钻要求进行灌浆，存在溢流的风险。

（4）尾管固井候凝完，显示层未有效封固，喇叭口未有效密封，起钻存在溢流的风险。

（5）水泥失重后造成气窜的风险。

2. 尾管固井前准备

（1）检查井口防喷器组及控制系统，确保处于正常待命工况。

（2）检查钻机动力系统、循环系统，固井期间不会发生故障。

（3）在钻台上准备好防喷单根（立柱），并放在便于抢接的位置。

（4）落实钻井液坐岗和录井坐岗，做好在回接固井期间能及时发现溢流和井漏。

（5）现场负责人召开固井前交底会，进行任务安排，要求分工明确、任务清晰、最短的时间完成固井作业。

3. 尾管固井井控操作

（1）作业期间钻井液工和录井联机员严格按照坐岗制度观察钻井液出口，并按要求灌浆，发现异常情况立即报告当班司钻。

（2）开泵小排量顶通水眼，待正常后逐渐提高至设计施工排量循环两周，循环正常且地面准备充分后方可进行固井施工。

（3）施工过程中做好正、反人工计量工作，尤其是水泥浆出套管鞋后的反计量工作，用仪器计量加人工大罐计量相结合的计量方法，防止替空，发现异常及时汇报。

（4）固井过程中发生溢流，按照《塔里木油田钻井井控实施细则》钻进过程中发生溢流关井程序,实施关井。

4. 注意事项

(1)尾管固井期间要保障施工连续,缩短固井施工时间。

(2)尾管固井候凝完按程序开井以后,至少循环一周监测后效情况,满足起钻要求再起钻。

十、钻尾管上塞

1. 井控风险

若尾管固井未有效封固地层,喇叭口未有效密封,钻塞、起下钻过程中,存在发生溢流的风险。

2. 钻尾管上塞井控操作

(1)作业期间,钻井液工和录井联机员严格按照坐岗制度观察钻井液出口,并按要求灌浆,发现异常情况立即报告当班司钻。

(2)若下钻过程中发生溢流,按照《塔里木油田钻井井控实施细则》起下钻杆发生溢流关井程序,实施关井。

(3)若钻塞过程中发生溢流,按照《塔里木油田钻井井控实施细则》钻进过程中发生溢流关井程序,实施关井。

3. 注意事项

(1)钻塞过程中注意水泥块混入钻井液中可能造成钙侵影响钻井液性能,严禁不循环、钻具长时间静止。

(2)钻塞存在油气从喇叭口溢出的风险,不能放松坐岗监测溢流等井控需求。

(3)钻塞过程中原则上不得降密度。

十一、铣尾管喇叭口、回接筒

1. 井控风险

若尾管喇叭口未有效封固,存在气窜现象,铣尾管喇叭口、回接筒过程中存在溢流的井控风险。

2. 铣尾管喇叭口、回接筒井控操作

(1)作业期间钻井液工和录井联机员严格按照坐岗制度观察钻井液出口,并按要求灌浆,发现异常情况立即报告当班司钻。

(2)若下钻过程中发生溢流,按照《塔里木油田钻井井控实施细则》起下钻杆过程中发生溢流关井程序,实施关井。

(3)铣尾管喇叭口、回接筒作业铣锥下钻到位以后,先循环一个迟到时间,落实清楚后效情况再开始磨铣作业。

(4)铣尾管喇叭口、回接筒过程中发生溢流,按照《塔里木油田钻井井控实施细则》钻进过程中发生溢流关井程序,实施关井。

3. 注意事项

铣尾管喇叭口、回接筒过程中,注意钻井参数的变化,若发现立压、悬重等参数异常,立即上提钻具,关井观察并及时汇报。

十二、下完井回接套管

1. 井控风险
(1)若尾管固井未有效封固油气水层,下回接套管过程中,存在发生溢流的风险。
(2)发生溢流时,因防喷单根(立柱)长时间抢接不成功导致的井控风险。

2. 下完井回接套管井控操作
(1)下完井回接套管前井队与套管队制定下尾管井控技术措施,并对班组人员进行技术交底,开展井队班组与套管队在井口进行联合应急演练,合格后开始下完井回接套管作业。
(2)作业期间钻井液工和录井联机员严格按照坐岗制度观察钻井液出口,并按要求灌浆,发现异常情况立即报告当班司钻。
(3)若钻塞过程中无后效显示,喇叭口试压合格,则下回接套管前可以不更换套管封心,若钻塞过程中有后效显示或喇叭口试压不合格,必须提前更换相应尺寸的套管封心。
(4)下回接套管前应按以下方式提前组合防喷单根(立柱):旋塞+防喷单根(立柱)+套管循环头。
(5)下回接套管期间发生溢流,按《塔里木油田钻井井控实施细则》下套管、筛管作业发生溢流关井程序,实施关井。

3. 注意事项
下回接套管时管串可能存在多种套管尺寸,提前连接好相应尺寸的防喷单根(立柱),缩短发生溢流后的关井时间。

十三、回接套管固井

1. 井控风险
若尾管固井未有效封固显示层,回接固井期间存在因气窜、水泥浆失重引发的溢流井控风险。

2. 回接套管固井井控操作
(1)作业期间钻井液工和录井联机员严格按照坐岗制度观察钻井液出口,并按要求灌浆,发现异常情况立即报告当班司钻。
(2)固井全过程保证井内压力平衡,防止注水泥候凝期间因水泥浆失重造成井内压力失衡,而引发的井控风险。
(3)回接套管固井过程中发生溢流,按照《塔里木油田钻井井控实施细则》相应溢流关井程序,实施关井。

3. 注意事项
(1)回接套管固井期间要保障施工连续,缩短固井施工时间。
(2)回接套管固井施工期间随时监测出口返出情况,一旦发现溢流,立即执行固井应急预案。

十四、换装井口(油管头)

1. 井控风险
(1)尾管固井未有效封固,喇叭口处存在气窜,回接尾管时,插入筒及下塞面仍未有效封固，现场换装井口，换装防喷器组与钻采一体化四通（油管头）期间处于敞口状态，存在重大井控风险。

（2）若安装质量不合格，存在井口承压后刺漏的井控风险。

2. 换装井口（油管头）前准备

（1）换装井口各环节，发生溢流，如何控制井口编制专项施工方案及井控应急预案。

（2）提前准备好防喷器拆卸工具、套管切割工具、吊装设备、试压设备、安装工具。

3. 换装井口（油管头）井控操作

（1）井口操作人员密切关注井口液面情况，及时发现溢流。

（2）换装井口（油管头）过程中发现溢流，立即连接旋塞+相应变扣，抢接至油管挂上，关闭旋塞，连接钻具，实施压井作业。

4. 注意事项

（1）井内不连通的情况可以上述操作，井下连通时，则需要建立屏障。

（2）拆卸防喷器过程中，一旦发现溢流应立即停止拆卸并尽快恢复井口，关全封，按照《塔里木油田钻井井控实施细则》溢流发现、汇报、处置要求相关规定进行汇报，及时组织实施压井施工作业。

十五、钻塞

1. 井控风险

可能存在套管破损、脱扣或断裂情况，加之固井质量不好，导致油气侵入井筒，在起下钻、循环及钻塞过程中可能存在溢流井控风险。

2. 钻塞井控操作

（1）作业期间钻井液工和录井联机员严格按照坐岗制度观察钻井液出口，并按要求灌浆，发现异常情况立即报告当班司钻。

（2）制定好钻塞施工风险防控措施及处置预案。

（3）按钻进工况连接好钻柱及内防喷工具。

（4）在下钻探塞过程中分段开泵顶通循环。

（5）钻塞过程中发现溢流，按《塔里木油田钻井井控实施细则》钻进中发生溢流关井程序，实施关井。

3. 注意事项

（1）钻塞期间执行目的层钻进技术措施，对于敏感性地层固井特别是产层固井质量差的产层井段，井控工作按裸眼井段执行。

（2）钻塞过程中随时观察泵压、出口排量及返出物，特别是无进尺后，出口用强磁吸附返出物，根据是否有铁屑分析原因。

十六、刮壁

1. 井控风险

因套管破损、脱扣或断裂情况，加之固井质量不好，导致油气侵入井筒，在起下钻、循环及刮壁过程中可能存在溢流井控风险。

2. 刮壁前准备

（1）检查井口防喷器组及控制系统，确保处于正常待命工况。

（2）现场负责人召开刮壁前交底会，进行任务安排，要求分工明确、任务清晰、如有异常立即汇报。

3. 刮壁井控操作

（1）若起下钻过程中发生溢流，则按《塔里木油田钻井井控实施细则》起下钻杆过程中发生溢流关井程序，实施关井。

（2）若下钻到位，循环过程中发生溢流，则按《塔里木油田钻井井控实施细则》钻进过程中发生溢流关井程序，实施关井。

（3）若循环过程中难以排尽油气后效，则须通过打重浆帽或提密度，短起下验证后效是否满足安全起钻要求，再进行打重浆帽、起钻作业。

4. 注意事项

刮壁完毕后，必须摸清油气上窜情况，在安全的前提下再进行起钻作业。

十七、测声幅

1. 井控风险

在电缆测井作业期间，一旦发生溢流，井筒中存在电缆，不能直接完成关井，此时必须先抢接电缆悬挂接头、带旁通阀的双内螺纹接头，剪断电缆，抢下防喷单根（立柱），实施关井，此操作较为复杂，存在操作时间过长带来的井控风险。

2. 测声幅前准备

（1）作业前测井队准备电缆悬挂器、旁通接头、液压快速断线钳和性能满足要求的电缆卡子，认真检查确保电缆悬挂器各部件完好，扣型正确，变扣短节满足作业要求，液压快速断缆钳完好，工作正常，接井前各井控工具摆放在钻台，处于完好待命状态。

（2）检查准备好防喷单根上端接旋塞下端接双内螺纹接头，放在坡道或方便抢接的位置备用。

（3）确认井筒内液柱压力平衡、井下安全时间满足电缆测井作业要求。

（4）钻井队必须配备 $3\frac{1}{2}$in 吊卡（坐电缆悬挂接头用），相关人员到位。

3. 测声幅井控操作

（1）作业期间钻井液工和录井联机员严格按照坐岗制度观察钻井液出口，并按要求灌浆，发现异常情况立即报告当班司钻。

（2）测声幅前井队与测井队制定测井井控技术措施，并对班组人员进行技术交底，井队班组与测井队在井口进行剪切电缆联合应急演练，合格后开始测声幅作业。

（3）测井期间控制仪器上提、下放速度，裸眼井段要慢速起下，在井口安装测井仪器时，应在井口处进行防落物保护。

（4）测井期间发生溢流，按照《塔里木油田钻井井控实施细则》电缆作业发生溢流关井程序，实施关井。

4. 注意事项

（1）对于油气显示井，钻井队在测井前要准确测量油气上窜速度，明确测井安全时间。

（2）测井所需时间超过安全测井时间的，要中途通井循环排除后效或放射性测井前应重新通井确保井眼条件、安全时间满足后续测井要求。

（3）日费井由钻井监督、总包井由钻井队平台经理根据溢流性质、大小决定何时剪断电缆关井，钻井队和测井队应全力配合。

十八、套管柱试压

1. 井控风险

（1）固井质量不满足要求，存在高压盐水或油气溢流风险。

（2）套管试压过程中，未按正确关井（开井）程序进行关井（开井），环空泄压，压力未完全卸掉，带压开关防喷器，造成井控装备损坏或刺漏。

2. 套管柱试压前准备

（1）留好足够长度的余塞，保证试压条件。

（2）测井声幅评价完的井，要掌握水泥封固段的优良评价，评估套管试压条件。

（3）试压前，充分循环并调整好钻井液性能，保证振动筛返出无明显水泥块。

（4）试压前，井队值班干部、钻井工程师、驻井监督共同对远控控制系统、司控台、循环系统、气路、液压系统等进行综合的检查，避免在试压过程中发生其他意外。

3. 套管柱试压井控操作

（1）试压时，值班干部、钻井工程师、驻井监督在钻台盯防，司钻按要求调整好关井位置确认泵停稳后按照关井程序进行关井，再次检查无异常后由钻井工程师指挥司钻进行操作，有任何异常必须及时汇报。

（2）开泵试压期间司钻缓慢开泵，观察好压力变化趋势并做好记录，在压力达到要求的试验压值后停泵观察，严格按照《塔里木油田钻井井控实施细则》要求进行试压。

（3）试压合格后按开井程序进行开井，若钻具内有浮阀，泄压时应先通过节流管汇进行泄压，再放回水，确保内防喷工具上部和下部的压力全部泄掉。

4. 注意事项

（1）试压过程中要专人指挥，专人操作。

（2）试压前，调整钻井液性能，严禁在井内未循环干净时进行试压。

第二节　台盆区碳酸盐岩井完井作业井控风险与防控措施

完井作业是钻完井工程的重要组成内容，台盆区碳酸盐岩井完井作业期间储层油气活跃、溢漏同层、压力窗口窄，且工序步骤繁多、工序转换复杂。本节针对台盆区碳酸盐岩井完井作业的几种典型工艺对过程中的井控风险和井控操作进行了阐述，包括：钻井期间安装常规钻井四通裸眼完井；更换采油四通；通井；钻井期间安装常规钻井四通下支撑管柱完井；钻盲板；钻井期间安装大通径一体化四通、下支撑管柱完井；完井可能遭遇的影响井控安全的意外情况及应对。

一、测井前通井

1. 井控风险

起下钻、通井过程中存在井漏溢流风险。

2. 测井通井前准备

（1）作业过程中要严格执行坐岗制度，液面不在井口的，要安排液面监测队或录井队准备好液面监测设备。

（2）提前检查通井配套的转换短节、提升短节，确认完好。

（3）防喷单根（或防喷立柱）连接好放一旁备用，提升短节放在钻台处于待命状态。

3. 测井通井井控操作

（1）通井作业正常情况通井到底，特殊情况至少通井至电测井段留足电测口袋，大排量洗井，短起下钻验证井眼是否通畅无阻卡，井底无沉砂。

（2）钻头在井底位置循环时间于2周以上，钻井液出入口密度一致，根据井下情况注入防卡钻井液起钻电测。

（3）通井过程中检测油气上窜速度，计算安全测井时间，压稳油气层，保证安全时间满足测井施工时间1.5倍。

（4）起钻过程中要按井控细则要求及时灌浆。

（5）起下钻过程中发生溢流，根据下入不同钻具，按照《塔里木油田钻井井控实施细则》规定的起下钻关井程序，立即实施关井。

4. 注意事项

（1）为保证通井作业顺利，各岗位负责人要全程在岗值守。

（2）起下钻、通井作业过程中，要随时做好溢流关井的准备。

（3）通井完毕后，必须排尽后效，在电测安全时间内再进行起钻作业。

（4）对于井漏的井，必要时应进行堵漏作业，以满足测井通井要求。

二、电缆测井

1. 井控风险

在电缆测井作业期间，一旦发生溢流，井筒中存在电缆，不能直接完成关井，此时必须先抢接电缆悬挂接头、带旁通阀的双内螺纹接头，剪断电缆，抢下防喷单根（立柱），实施关井。此操作较为复杂，存在操作时间过长带来的井控风险。

2. 电缆测井前准备

（1）测井队准备电缆悬挂器、旁通接头、液压快速断线钳和性能满足要求的电缆卡子，认真检查确保电缆悬挂器各部件完好，扣型正确，变扣短节满足作业要求，液压快速断缆钳完好，工作正常，接井前各井控工具摆放在钻台，处于完好待命状态。

（2）检查准备好防喷单根上端接旋塞下端接双内螺纹接头，放在坡道或方便抢接的位置备用。

（3）确认井筒内液柱压力平衡、井下安全时间满足电缆测井作业要求。

（4）钻井队配备 $3\frac{1}{2}$in 吊卡（坐电缆悬挂接头用），相关人员到位。

3. 电缆测井井控操作

（1）测井前井队与测井队制定测井井控技术措施，并对班组人员进行技术交底，开展井队班组与测井队在井口进行剪切电缆应急演练，合格后开始测井作业。

（2）测井期间控制仪器上提、下放速度，裸眼井段要慢速起下，在井口安装测井仪器时，应在井口处进行防落物保护。放射性测井配备井口、平台防落装备（如源布等），将井口及周围1m以内全部盖住，防止裸源掉落。

（3）测井期间钻井液工和录井联机员要坐岗观察钻井液出口，并按要求灌浆，发现异常情况立即报告当班司钻。

（4）测井期间发生溢流，按照《塔里木油田钻井井控实施细则》第一百条，电测作业发生溢流关井程序，实施关井。

4. 注意事项

（1）对于油气显示井，钻井队在测井前要准确测量油气上窜速度，明确测井安全时间。

（2）测井所需时间超过安全测井时间的，要中途通井循环排除后效或放射性测井前应重新通井确保井眼条件、安全时间满足后续测井要求。

（3）日费井由钻井监督、总包井由钻井队平台经理根据溢流性质、大小决定何时剪断电缆关井，钻井队和测井队应全力配合。

三、传输测井

1. 井控风险

在传输测井作业期间，一旦发生溢流，钻具传输旁通如果已经下入井内，井筒中存在电缆不能直接完成关井，此时必须利用电缆固定装置立即将电缆卡在钻杆上，在卡点以上50cm左右剪断电缆，下放钻具，实施关井。此操作较为复杂，存在不能及时关井风险。

2. 传输测井前准备

（1）作业前认真检查确保电缆卡箍各部件完好，锁紧工具运动灵活，电缆卡箍与钻具匹配良好；液压断缆钳油量充足、管线完好，工作正常。

（2）按摆放要求将检查好的电缆卡箍摆放至钻台上备用。

（3）钻井队负责将天滑轮挂在天车台正前方的横梁上，吊天滑轮的吊索由测井队提供，应承受20t以上的拉力，不影响起下传输工具为原则。天滑轮吊升过程中，钻台上所有人员应撤离井口。

（4）传输测井前取出井口防磨套，以防测井时挤伤测井电缆。

3. 传输测井井控操作

（1）测井前井队与测井队制定测井井控技术措施，并对班组人员进行技术交底，开展井队班组与测井队在井口进行剪切电缆应急演练，合格后开始测井作业。

（2）钻井液工和录井联机员严格按照坐岗制度监测液面，及时发现溢流和井漏。

（3）传输测井期间发生溢流，按照《塔里木油田钻井井控实施细则》第一百条，钻杆传输测井溢流关井程序，实施关井。

（4）下钻传输测井仪器过程中每1500m左右应开泵顶通。

（5）下钻到预定位置后开泵循环钻井液不少于1周。

4. 注意事项

（1）日费井由钻井监督、总包井由钻井队平台经理根据溢流性质、大小决定何时剪断电缆关井，钻井队和测井队应全力配合。

（2）由于旁通下入井内，电缆在钻具外发生溢流的关井程序较为复杂，在传输测井作业前，应该加强该工况的关井演练，测井队、钻井队执行关井操作人员熟练掌握关井程序。

四、直推测井

1. 井控风险

测井期间组装、拆卸仪器期间存在空井溢流的风险。测井期间仪器在井下施工起下钻存在溢流的风险。

2. 测井前准备

（1）作业前检查仪器提升护帽、转换短节、变扣短节，确认完好。

（2）防喷单根（或防喷立柱）连接好放一旁备用，仪器提升护帽放在钻台处于待命状态。

3. 测井井控操作

（1）钻井液工和录井联机员严格按照坐岗制度监测液面，及时发现溢流和井漏。

（2）测井前井队与测井队制定测井井控技术措施，并对班组人员进行技术交底，开展井队班组与测井队在井口进行剪切电缆应急演练，合格后开始测井作业。

（3）测井期间发生溢流，按照《塔里木油田钻井井控实施细则》第一百条，起下钻杆中发生溢流关井程序，实施关井。

4. 注意事项

直推测井作业前，应该加强该工况的关井演练，测井队、钻井队执行关井操作人员熟练掌握关井程序。

五、随钻测井

1. 井控风险

（1）测井期间组装、拆卸仪器期间存在空井溢流的风险。

（2）测井期间仪器在井下施工起下钻存在溢流的风险。

2. 测井前准备

（1）作业前检查仪器提丝、转换短节、提升短节，确认完好。

（2）防喷单根（或防喷立柱）连接好放一旁备用，提升短节放在钻台处于待命状态。

（3）钻机底座不小于12.5m的钻机，防喷立柱连接好放一旁备用。

3. 测井井控操作

（1）钻井液工和录井联机员严格按照坐岗制度监测液面，及时发现溢流和井漏。

（2）测井前井队与测井队制定测井井控技术措施，并对班组人员进行技术交底，开展井队班组与测井队在井口进行剪切电缆应急演练，合格后开始测井作业。

（3）随钻测井作业前，应该加强该工况的关井演练，测井队、钻井队执行关井操。

（4）测井期间发生溢流，按照《塔里木油田钻井井控实施细则》起下钻要求执行关井程序。

4. 注意事项

（1）对于油气显示井，钻井队在测井前要准确测量油气上窜速度，明确测井安全时间。

（2）测井所需时间超过安全测井时间的，要中途通井循环排除后效或放射性测井前应重新通井确保井眼条件、安全时间满足后续测井要求。

六、更换采油四通（钻井期间安装钻井四通 + 裸眼完井方式）

1. 下可取式封隔器

1）井控风险

下可取式封隔器时油气层已钻开，存在溢流风险和井漏转溢流的风险，且可取式封隔器由于需要投球坐封，该趟管柱无内防喷工具，发生溢流后需应急抢接内防喷工具，难度大、时间长，易发生井喷失控。

2）下可取式封隔器前准备

（1）确认井筒内液柱压力平衡、井下安全时间，井眼畅通，满足下钻要求。

（2）检查钻机提升系统、动力系统，避免下钻期间发生故障。

（3）在钻台上准备好旋塞（与钻具尺寸相对应，处于开位）。

（4）落实钻井液坐岗和录井坐岗，确保下封隔器期间能及时发现溢流和井漏；液面不在井口的井需确认液面检测设备处于完好状态，便于定期监测液面。

3）下可取式封隔器井控操作

（1）起钻完，演练抢接旋塞后的关井动作。

（2）如液面不在井口，需定期监测液面、吊灌浆，液面检测间隔时间不得大于30min，单次液面上涨超过20m，立即汇报井控专家，单次液面上涨超过50m应直接关井观察确认。若为溢流按照程序压井或其他溢流处置；若为其他原因，则确认满足条件后继续下钻。

（3）封隔器在参数允许的条件下应尽可能深下（液面深度大于500m的井除外）。

（4）投球、坐封、丢手、验封，验封压力10~15MPa，稳压时间30min。

（5）起送入管柱期间保持液面监测的频次和钻井液吊灌量不变。

（6）起钻前宜在封隔器以上1000m打入500~800m稠浆塞，在喇叭口以上重浆帽（重浆量为平衡封隔器以下被完全气侵的情况下再附加2~3MPa），确保绝对正压差。

（7）井口组装封隔器期间发生溢流，立即按井控细则中空井的关井程序进行关井。

（8）正常起下钻期间发生溢流，按井控细则相应的起下钻关井程序立即关井。

4）注意事项

（1）为保证下工具顺利，各方负责人要全程在岗值守。

（2）可取式封隔器进入小套管后要控制下入速度，防止提前坐封。

（3）发生异常，把发现溢流及时关井放在第一要务，工作安排要能及时发现溢流，确保能迅速关井。

2. 更换采油四通

1）井控风险

更换采油四通期间井口防器完全拆除，一旦发生溢流，无法迅速关井。

2）更换采油四通前准备

（1）确认两道屏障合格有效（一般为一道机械屏障和一道压住地层的液柱压力屏障）。

（2）安排专人负责观察井口液面变化情况，确保及时发现井漏。

（3）提前准备简易井口控制装置：3½in下旋塞 + 变扣接头 + 油管悬挂器。

（4）打开二级套管头左右两侧闸阀保证通畅，套管头左翼做好液面监测准备，右翼从泥浆罐单独接一条灌浆管线。

（5）施工前召开会议，安排好人员分工及施工步骤，保证通信工具（对讲机）满足使用要求，尽量缩短换装井口时间。

3）更换采油四通井控操作

（1）若全封未拆卸发生溢流，应由值班干部立即安排副司钻与井架工安装液控管线，由司钻关闭全封，工程师井口确认全封闸板关闭。

（2）若全封已拆卸、采油四通未安装时发生溢流，应立即将全封安装回钻井四通上，由内、外钳工对角紧固四颗螺栓，井架工安装液控管线，由司钻关闭全封。

（3）采油四通安装期间，若发生溢流，应立即抢装可通式试压塞、一体化四通。在一体化四通安装到位后，打开二级套管头两翼阀门，抢下 $3\frac{1}{2}$in 旋塞 + 变扣接头 + 油管悬挂器坐于一体化四通上控制井口。油管悬挂器放平到位并由副司钻与井架工顶紧四颗顶丝，抢下油管悬挂器时旋塞应保持常开状态，油管悬挂器到位并顶紧四颗顶丝后，由内、外钳工负责关闭旋塞控制井口。关闭套管头两翼阀门。值班干部继续负责组织班组人员安装全封闸板防喷器，副司钻同时负责抢接内控管线，直至井口可控。

（4）若换装采油四通期间发现井漏，则通过左侧套管头监测液面，右翼套管头定期灌浆继续进行换装井口作业。

4）注意事项

交底到位，分工明确，专人指挥，旁站监督。

3. 取出可取式封隔器

1）井控风险

取封隔器时油气层已钻开，可取式封隔器以下可能存在圈闭油气，存在溢流风险和井漏转溢流的风险。

2）取出可取式封隔器前准备工作

（1）根据需要准备好一定稠浆及重浆。

（2）取封隔器管柱配备浮阀作为内放喷工具。

（3）检查井控装备维护到位，具备解封后关井条件。

3）取出可取式封隔器井控操作

（1）下取封隔器管柱。

①做好管柱校核，确保满足抗拉要求，确认浮阀完好有效。

②管柱到位后充分循环，泵入稠浆塞（500~800m）、重浆（附加 3~5MPa）并顶替到位。

（2）可取式封隔器解封。

①缓慢下放管柱，加压 100kN，缓慢上提管柱超原悬重 10~20kN（判断是捞获封隔器），再次下放管柱加压 120kN，缓慢上提管柱超过原悬重 80~250kN 封隔器解封，静止 30min 待胶筒回缩，并确认井内无圈闭油气。

②漏失井解封后液面不在井口，需加密监测液面，吊灌起钻至喇叭口后将喇叭口以下全部推掉。

③如封隔器解封后下部有圈闭油气发生溢流，立即关井，采用挤压井方法将封隔器以下受污染的钻井液及油气推回地层，然后吊灌起钻。

(3)起取封隔器管柱。

①全程严格执行坐岗制度,定期监测液面,按井控细则规定定期灌浆。

②如液面不在井口,按起出钻具体积的1.5~2倍体积进行吊灌。

③起管柱过程中发现溢流,立即按井控细则规定的起下钻关井程序,实施关井。

4)注意事项

(1)下取封隔器管柱循环时记录好排量、泵压。

(2)封隔器解封完后下探时下探吨位不要过高,起出封隔器前,提前上钻台,封隔器过井口时扶正管柱。

七、更换采油四通（钻井期间安装常规钻井四通 + 下支撑管柱完井方式）

1. 下尾管 + 盲板

1)井控风险

(1)下尾管时油气层已钻开,存在溢流风险和井漏转溢流的风险。

(2)尾管完全下入井筒前,防喷器组可能没有对应尺寸的半封闸板或有筛管,存在不能及时关井的风险。

(3)抢装内防喷工具时,钻杆扣和套管扣变扣连接和紧扣不方便,存在内控失控的风险。

2)下尾管前准备

(1)确认井筒内液柱压力平衡、井下安全时间,井眼畅通,满足下尾管要求。

(2)按管串设计,落实尾管和工具附件齐全、螺纹完好。

(3)检查井口防喷器组及控制系统,确保处于正常待命工况。

(4)检查钻机提升系统、动力系统、套管钳,避免下套管期间发生故障。

(5)提前准备好防喷单根(旋塞 + 一根钻杆 + 变扣)或防喷立柱(钻杆 + 旋塞 + 两根钻杆 + 变扣),放在便于抢接的位置。

(6)落实钻井液坐岗和录井坐岗,确保下尾管期间能及时发现溢流和井漏。

(7)为缩短下无接箍套管的时间,可提前连接好无接箍套管立柱。

(8)现场主要负责人召开下尾管前交底会,进行任务安排,要求分工明确、任务清晰、要在最短的时间将尾管下入井内,下送到位。

3)下尾管 + 盲板井控操作

(1)下无接箍套管过程中发生溢流：立即停止下套管作业,按以下程序关井。

①提升短节未卸开,司钻直接下放套管吊卡至卡盘上,内外钳工立即抢接防喷立柱($3\frac{1}{2}$in 旋塞 + $3\frac{1}{2}$in 钻杆 1 柱 NC38 外螺纹),按照关井程序进行关井。

②提升短节已卸开,则内外钳工井口抢接防喷单根($3\frac{1}{2}$in 旋塞 +1 根钻杆 +ϕ310×TPFJ 外螺纹变扣),按照关井程序进行关井。

(2)正常下有接箍套管过程中发生溢流,立即抢接防喷单根($3\frac{1}{2}$in 旋塞 + $3\frac{1}{2}$in 钻杆 1 根 +310*5in LC 外螺纹),按关井程序关井。

(3)接尾管悬挂器时,应利用旋塞 +1 根 $3\frac{1}{2}$in 单根在鼠洞内提前连接好悬挂器,然后整体提起后对接井口套管。接尾管悬挂器期间发生溢流：按以下程序关井。

①悬挂器未连接发生溢流,甩掉单根后上提套管至关井位置按照程序进行关井。

②若在悬挂器已连接，司钻立即下放钻具，按照常规关井程序进行关井。

③下尾管期间发生井漏，继续下尾管，如液面不在井口，则在吊灌浆的同时下入尾管，同时开展液面监测。

④坐封、验封、丢手，验封压力 10~15MPa，稳压时间 30min。

⑤起送入管柱期间保持液面监测的频次和钻井液吊灌量不变。

⑥起钻前宜在封隔器以上 1000m 打入 500~800m 稠浆塞，在喇叭口以上重浆帽（重浆量为平衡封隔器以下被完全气侵的情况下再附加 2~3MPa），确保绝对正压差。

4）注意事项

（1）为保证下尾管顺利，各岗位负责人要全程在岗值守。

（2）为保证在下无接箍套管阶段井筒问题，在不存在起圈闭压力的情况下，可在下无接箍套管前正 / 反推一部分井浆，确保上部井段钻井液无污染。

（3）下尾管时间尽可能短，这期间属于高井控风险时段。

（4）下完无接箍套管后，将防喷单根下防喷变扣更换成（310*5in LC 外螺纹），作为下有接箍套管防喷工具。

（5）下无接箍套管及常规套管期间溢流关井后应尽快安装死卡，应对管柱上顶。

（6）下尾管期间发生异常，把发现溢流及时关井放在第一要务，工作安排要能及时发现溢流，确保能迅速关井。

（7）下尾管期间，根据液面变化情况决定是否需要反推一定量的钻井液，同时避免在裸眼段下停等。

2. 更换采油四通

1）井控风险

更换采油四通期间井口防器完全拆除，一旦发生溢流，无法迅速关井。

2）更换采油四通前准备

（1）确认两道屏障合格有效（一般为一道机械屏障和一道压住地层的液柱压力屏障）。

（2）安排专人负责观察井口液面变化情况，确保及时发现井漏。

（3）提前准备简易井口控制装置：3½in 下旋塞 + 变扣接头 + 油管悬挂器。

（4）打开二级套管头左右两侧闸阀保证通畅，套管头左翼做好液面监测准备，右翼从钻井液罐单独接一条灌浆管线。

（5）施工前召开会议，安排好人员分工及施工步骤，保证通信工具（对讲机）满足使用要求，尽量缩短换装井口时间。

3）更换采油四通井控操作

（1）若全封未拆卸发生溢流，应由值班干部立即安排副司钻与井架工安装液控管线，由司钻关闭全封，工程师井口确认全封闸板关闭。

（2）若全封已拆卸、采油四通未安装时发生溢流，应立即将全封安装回钻井四通上，由内、外钳工对角紧固四颗螺栓，井架工安装液控管线，由司钻关闭全封。

（3）采油四通安装期间，若发生溢流，应立即抢装可通式试压塞、一体化四通。在一体化四通安装到位后，打开二级套管头两翼阀门，抢下 3½in 旋塞 + 变扣接头 + 油管悬挂器坐于一体化四通上控制井口。油管悬挂器放平到位并由副司钻与井架工顶紧四颗顶丝，抢下油管悬挂器时旋塞应保持常开状态，油管悬挂器到位并顶紧四颗顶丝后，由内、外钳工负责关闭旋塞控制井口。关闭套管头两翼阀门。值班干部继续负责组织班组人员安装全封闸板防喷器，副司钻同时负责抢接内控管线，直至井口可控。

（4）若换装采油四通期间发现井漏，则通过左侧套管头监测液面，右翼套管头定期灌浆继续进行换装井口作业。

（5）采油四通更换完成后，按额定试压值试压合格。

4）注意事项

更换采油四通过程中，井控专家要全程旁站监督、指导。

3. 钻盲板

1）井控风险

盲板钻穿后，盲板下部可能聚集因带压滑脱的气体，导致溢流甚至井涌。

2）钻盲板前准备

（1）下钻到盲板以上 30m，更换旋转控制头总成，下钻到盲板以上 5m，循环排出井筒内重浆和稠浆塞。

（2）待钻井液性能稳定后，注入稠浆塞 500m，替稠浆塞出磨鞋，开始钻磨盲板。

3）钻盲板及起钻井控操作

（1）选择合适的钻磨盲板参数，钻井液工随时观察液面变化情况。

（2）盲板钻穿后，停钻上提钻具关井，漏失井反推稠浆段塞+井浆，监测液面，确认液面稳定后，彻底钻穿盲板，根据需要下钻通井，无阻卡后起钻。

（3）若液面不在井口，吊灌浆。

（4）起钻过程中通过吊灌控制环空液面相对平稳，若液面波动较大，不得强行起钻，及时关井汇报。认真分析原因，制定下步措施，确保井压稳。

（5）井控专家、钻井工程师跟踪好稠浆塞及重浆位置，确定灌浆措施。

4）注意事项

（1）钻盲板期间，各岗位负责人要全程在岗值守。

（2）钻盲板参数不宜太强，盲板若长时间未钻穿，应起钻检查。

八、完井可能遭遇的影响井控安全的意外情况及应对措施

1. 起下钻单吊环、管具折断落井

1）井控风险

完井阶段起下钻发生单吊环、管具折断落井，钻具下落过程中产生很大的激动压力容易引发井漏，油气进入井筒，同时井筒内液柱高度迅速下降，井底压力降低可能导致井漏转溢流。

2）防控措施

（1）单吊环管具折断落井后，司钻立即发出溢流报警信号，启动空井关井程序，带领班组在规定时间内正确完成关井。值班干部和井控专家在关井过程中实时指导和监督关井过程，确保高效正确关井。

（2）按照溢流关井程序向业主单位、勘探公司和相关部门汇报单吊环管具折断落井事故。

（3）关井观察 15min，若无套压，打开液面监测三通核实液面是否在井口，液面不在

井口则立即向井内连续吊灌 10m³ 钻井液观察是否灌满。吊灌量 10m³ 内灌满立即关闭液面监测三通观察是否起套压。连续吊灌 10m³ 若未灌满，继续吊灌浆并观察液面情况（若无液面队，则及时组织队伍上井服务）。关井后若有套压，工程师在井控专家指导下收集相关基础数据并制定初步压井施工方案报业主单位井控管理人员逐级审核审批。

（4）业主单位接报后立即指派井控及专业技术人员赶赴现场进行处置。承包商单位派遣专业技术分管领导上井驻井指导，直至事故解除。

（5）业主单位及承包商单位相关人员到达钻完井现场后，组织现场各单位负责人召开会议，开展下步施工方案技术交底，落实人员岗位分工。

3）注意事项

（1）发生单吊环管具折断后，司钻要迅速组织班组高效正确完成关井。

（2）关井后若液面不在井口，要快速向井内连续吊灌浆，防止液柱高度降低引发井漏转溢流。

（3）若关井后有套压，尽快按照溢流汇报程序报送相关信息并快速制定方案并快速制定方案并加以压井处置。

（4）若液面不在井口，且液面稳定，经业主单位和勘探公司联合评估可以下钻后，由井控专家统一指挥，实施开井下钻。

（5）下钻及打捞过程中，评估是否使用内防喷工具。捞获落鱼后，若不循环，管内可能聚集油气，在起钻至浮阀时，可能造成管柱内喷。浮阀卸扣必须从外螺纹端卸扣。

（6）在油气层捞获落鱼后，应尽量尝试建立循环，将下部落鱼水眼中油气循环干净。循环过程中要判断钻井液是通过打捞工具循环的还是从落鱼下部循环的，防止误判。

（7）下钻及起钻过程中，钻台准备与打捞管柱扣型相符的旋塞，若发生管内冒钻井液，应及时抢接旋塞，并实施关井观察。

2. 起下钻过程中钻机提升系统故障

1）井控风险

完井阶段起下钻过程中，钻机提升系统发生故障时，存在发生溢流无法及时抢接内防喷工具导致内控失控或钻具本体不在关井位置无法正常关井导致井口失控的风险。

2）防控措施

（1）汇报及应急启动。发现上述情形时，应及时将情况向业主单位和承包商单位汇报。业主单位和承包商单位应及时组织碰头会，商讨应急处置措施。

（2）尝试下放钻具抢接内防喷工具。钻机提升系统发生故障后，若在钻具悬重作用下可以下放钻具，立即下放钻具坐在转盘面上抢接对应尺寸的旋塞并关闭旋塞。若无法下放钻具抢接旋塞，则加强观察，钻台及出口派人观察。

（3）关井。若钻具可以下放至转盘面，则启动关井程序。打开液动放喷阀，关闭环形防喷器，确认井口钻具对应尺寸的半封闸板位于钻杆本体部位时关闭半封闸板防喷器。关井完成后，钻井队安排专人观察立压和套压。

（4）查找钻机提升系统故障原因，尽快恢复钻机提升系统。钻井队电器技师、钻台大班和设备副经理立即排查钻机提升系统故障原因，并汇报勘探公司装备管理科。现场不能短时间解决提升系统故障时装备管理科要迅速安排专业装备技术管理人员以及厂家技术人员赶赴现场处置。提升系统故障解除后，若无套压，在井控专家指导下按照正常开井程序开井恢复正常起下钻作业。若有套压抢接顶驱实施压井作业，压井成功后下钻到底循环排除后效，短程起下钻检测油气上窜速度，满足安全起钻条件后再起钻。

3）注意事项

（1）完井阶段起下钻油气层完全暴露，随时可能发生溢流。起下钻期间水眼内控是最薄弱的环节。

（2）钻具组合里面需要安装板式浮阀等内防喷工具，但内防喷工具存在失效的风险，发生故障后，若井口无法抢接内防喷工具，应做好观察，发现管内溢流应立即启动剪切程序。

（3）液面不在井口的井起钻过程加强水眼和环空液面监测，同时严格执行吊灌技术措施确保液面处于相对稳定的状态。下钻过程中，每下 5~10 柱钻杆必须水眼灌浆灌满一次。

（4）起下钻过程中，钻机提升系统发生故障后，班组员工在司钻带领下及时按照上述防控措施完成关井并迅速组织相关人员检修提升系统，尽可能快速恢复提升系统。

3. 起下钻过程中卡钻

1）井控风险

（1）完井阶段起下钻过程中发生卡钻，若钻具处于高位无法下放钻具坐在转盘面，存在发生溢流后无法抢接内防喷工具导致的内控失控风险。

（2）钻具本体不在半封闸板关井位置影响关闭半封闸板，从而导致关井失败和井口失控。

2）防控措施

（1）抢接内防喷工具或者顶驱。

①发生卡钻后，若上单根距离转盘面高度不超过 1m，上提或下放钻具至原悬重，启动气动卡瓦，下放钻具坐卡后抢接旋塞并关闭。

②发生卡钻后，若上单根距离转盘面高度超过 1m 钻具处于高位，上提或下放钻具至原悬重，启动气动卡瓦，下放钻具坐卡后抢接顶驱并关闭顶驱液压旋塞。

（2）处理卡钻事故。

①处理卡钻事故期间，应选择合适的短钻具或控制处置方式，确保随时能关井。

②处理卡钻期间要加强坐岗，记录好泵入量和返出量，观察好停泵回流量，避免处理卡钻期间倒浆等作业，防止处理卡钻频繁开停泵时溢流发现不及时。

（3）溢流关井。

①处理卡钻期间若发生溢流或者井漏，立即实施关井。

②判断半封闸板关井位置是否处于钻杆本体处，若处于钻杆本体处，上提钻具打开气动卡瓦，打开液动放喷阀，关闭环形防喷器，关闭对应尺寸的半封闸板防喷器。

③判断半封闸板关井位置是否处于钻杆本体处，若未处于钻杆本体处，上提钻具打开气动卡瓦，下压钻具直至钻杆本体处于半封闸板关井位置后，打开液动放喷阀，关闭环形防喷器，关闭对应尺寸的半封闸板防喷器。

（4）处置完毕。

处置完溢流或者井漏，井筒压力系统恢复正常不溢不漏后重新处理卡钻故障直至解除恢复正常起钻。

3）注意事项

（1）完井阶段起下钻过程中一旦发生卡钻，牢固树立抢接内防喷工具或者顶驱的意识。钻具水眼内控在井控安全管理中极为重要。

（2）抢接内防喷工具和顶驱成功后，处理卡钻期间充分考虑钻具的抗拉强度，避免发生钻具提断故障，造成故障套故障，带来更高的井控风险。

（3）处理卡钻故障期间严格落实每15min灌浆且灌返的要求，核实灌入量，准确判断是否发生井漏或者溢流。一旦井漏或者溢流必须第一时间根据当时钻具的位置正确关井。

4. 下管柱到底后发现溢流，水眼内无法建立循环

1）井控风险

完井阶段下管柱到底后发现溢流水眼无法建立循环，压井方法首选压回法。压回法压井可能会由于地层物性差反推施工压力高，井口最内层套管抗内压强度有限，存在高套压和井口套管爆裂风险从而井口失控的风险。

2）防控措施

（1）抢接内防喷工具。

下管柱到底后发现溢流，立即将钻具坐在转盘上，抢接旋塞并关闭。

（2）按照正常程序关井。

确认井口钻具本体处于半封闸板关井位置，打开液动放喷阀，关闭环形防喷器，关闭与井口钻具尺寸相符的半封闸板防喷器并抢接顶驱。关井成功后每2min记录关井立套压。

（3）溢流汇报及应急处置。

（4）发现上述情形时，应及时将情况向业主单位和承包商单位汇报。业主单位和承包商单位应及时组织碰头会，商讨应急处置措施。

3）注意事项

（1）下钻到底发现溢流必须第一时间关井控制井口。

（2）在有条件情况下，下完井管柱期间应配套使用旋转控制控制头。

第四章　试油过程中井控风险及防控措施

库车山前高压气井试油过程中打开储层后井筒压力高、天然气产量高，台盆区碳酸盐岩储层试油过程中面临压力窗口窄、易漏易喷、富含硫化氢等风险，如操作不当，极易发生重大井控险情。本章针对山前高压气井和台盆区碳酸盐岩储层试油作业起下管柱、射孔、酸化压裂、替喷等典型作业工序存在的具体井控风险，从安全操作程序、风险防控措施等方面进行了阐述，用于指导现场井控安全。

第一节　山前高压气井试油作业井控风险与防控措施

试油作业是打开储层后，通过系列测试落实储层流体性质、流体产能和储层特征的重要作业内容，是油藏认识过程中的重要环节。山前高压气井试油作业一般包括射孔、酸化、压裂、替喷等作业工序，整个作业期间长、高压油气直接进入井筒，存在溢流、井下管柱和井口刺漏和发生井漏后漏转溢等多种井控风险，应特别重视。

一、铣喇叭口

1. 井控风险

（1）喇叭口固井质量不达标，油气层未封固，起下钻过程中出现溢流。

（2）施工中操作不当铣穿喇叭口、回接筒，油气进入井筒，发生溢流。

2. 钻喇叭口前准备

（1）针对铣锥铣柱管柱中使用的工具串起下作业，井口必须准备与工具串配套的变扣接头（一用一备），并与井口内防喷工具连接组合，井口备好防喷单根或防喷立柱。

（2）作业前，现场监督应要求作业队伍开展工作安全分析和工艺安全分析，所有施工应符合《塔里木油田试油井控实施细则》作业过程的井控要求。

3. 钻喇叭口井控操作

（1）作业期间钻井液工和录井联机员严格按照坐岗制度观察钻井液出口，并按要求灌浆，发现异常情况立即报告当班司钻。

（2）下钻到底后应及时循环排除后效后方可进行磨铣作业，循环期间专人观察好液面，加强坐岗。

（3）磨铣作业期间核对好液面，发现溢流立即按照《塔里木油田试油井控实施细则》钻磨过程中发生溢流时关井程序，实施关井。

（4）磨铣作业期间控制好转速、钻压，根据悬挂器规格型号控制好磨铣进尺，防止磨穿喇叭口、回接筒。

（5）磨铣作业结束循环洗井，如发现异常，短起下检测油气上窜速度，确保压稳油气层后起钻。

（6）起钻期间专人坐岗核对好灌入量，及时灌浆，高度重视起钻井控风险，出现不能正常灌浆的情况及时汇报，停止起钻作业，制定的措施经审批后方可执行，及时将抽汲情况消除，确保安全前提下再起钻。

（7）起下钻过程中，按照坐岗要求进行灌浆工作，并记录、核实灌入量或返出量，在油气层井段、油气层顶部300m井段内要严格控制起下钻速度，管柱中配置有刮壁器或大尺寸工具时的起下速度不得超过0.3m/s。

（8）起下钻期间，如发现溢流立即按《塔里木油田试油井控实施细则》起下钻杆过程中发生溢流时关井程序，实施关井。

4. 注意事项

铣磨进尺一定要提前与相关方进行数据核对后确定好，并向当班司钻交底。

二、射孔前通井刮壁

1. 井控风险

喇叭口固井质量不达标，发生油气窜漏，或上道工序操作不当铣穿喇叭口与回接筒，油气进入井筒，通井刮壁时起下钻、循环过程中存在溢流风险。

2. 通井刮壁作业前准备

（1）针对通井刮壁起下作业，井口必须准备与工具串配套的变扣接头（一用一备），并与井口内防喷工具连接组合，井口备好防喷单根或防喷立柱。

（2）每道工序作业前，现场监督应要求作业队伍开展工作安全分析和工艺安全分析，所有施工应符合《塔里木油田试油井控实施细则》作业过程的井控要求。

（3）提前落实通井规、刮壁器类型，若使用一体式刮壁器需提前排好钻具，按要求在刮壁井段进行刮壁作业，原则上最大下深距套管鞋30m以上。

（4）检查井口防喷器组及控制系统，确保处于正常待命工况；现场负责人召开通井、刮壁前交底会，进行任务安排，要求分工明确、任务清晰、如有异常立即汇报。

3. 通井刮壁井控操作

（1）作业期间钻井液工和录井联机员严格按照坐岗制度观察钻井液出口，并按要求灌浆，发现异常情况立即报告当班司钻。

（2）若起下钻过程中发生溢流，则按《塔里木油田试油井控实施细则》起下钻杆过程中发生溢流时关井程序，实施关井。

（3）若下钻到位，循环过程中发生溢流，则按《塔里木油田试油井控实施细则》钻磨过程中发生溢流时关井程序，实施关井。

（4）起下钻过程中，按照坐岗要求进行灌浆工作，并记录、核实灌入量或返出量，在油气层井段、油气层顶部300m井段内要严格控制起下钻速度，管柱中配置有刮壁器或大尺寸工具时的起下速度不得超过0.3m/s。

4. 注意事项

刮壁、通井完毕后，必须摸清油气上窜情况，确保安全再进行起钻作业。

三、射孔

1. 井控风险

射孔后，地层油气进入井筒，导致溢流、漏转溢的井控风险。

2. 射孔前准备

（1）射孔作业前均应制定详细的施工方案和应急预案，经业主单位审批后方可施工，施工前要做好施工方案和应急预案的交底。

（2）下射孔管柱前，井口封井器必须更换与入井管柱相匹配闸板封心，并试压合格。

（3）针对射孔管柱中使用的工具串起下作业，井口必须准备与工具串配套的变扣接头（一用一备），并与井口内防喷工具连接组合，井口备好调整短节、防喷单根（立柱），井口调整短节的抗拉强度要达到 API 标准所规定的强度。

（4）下射孔管柱前，应确保井筒内液柱压力已经压稳地层。

（5）射孔管柱应具有循环压井功能。

3. 射孔井控操作

（1）下射孔管柱、射孔、起射孔管柱期间钻井液工和录井联机员严格按照坐岗制度观察钻井液出口，并按要求灌浆，发现异常情况立即报告当班司钻。

（2）在下送入射孔管柱、射孔、起管柱过程中发生溢流，立即按照《塔里木油田试油井控实施细则》起下钻杆过程中发生溢流时关井程序，实施关井，关井后及时汇报并研究制定下一步措施。

（3）在射孔器未定位到射孔目的层前，禁止使用大排量循环洗井、替换压井液、调整压井液性能等。

（4）压力引爆时，最大施工压力不能超过井口装置额定工作压力，投棒引爆时，还应确保撞击棒能顺利撞击起爆器。

（5）射孔后应将射孔枪起出射孔井段，起射孔管柱前，需要进行短程起下钻检测油气上窜速度，应起到安全井段，直井至少起 10~15 柱，水平井（大斜度井）起到直井段，然后直接下钻到底循环，检测油气上窜速度，起下一趟钻需要的时间（h）+10h＜油气上窜到井口的时间（h）。

（6）高压气井射孔宜采用一次引爆的方式。

（7）起下钻过程中，按照坐岗要求进行灌浆工作，并记录、核实灌入量或返出量，在油气层井段、油气层顶部 300m 井段内要严格控制起下钻速度，管柱中配置有刮壁器或大尺寸工具时的起下速度不得超过 0.3m/s。

4. 注意事项

（1）特别强调：作业应严格按照作业时间进行，超过安全作业时间的，应及时下钻到底排除井筒内油气或采取其他有效措施排除井筒内油气。

（2）根据地质设计提供的压力确定需要施加的回压，射孔前应保持射孔（或穿孔）深度处的管内压力略大于（或基本平衡）环空压力或地层压力，防止射孔枪突然上顶。

（3）井漏时起下非常规工具，做好液面监测确认压稳地层，井下液面稳定方可起下非常规工具，做好管内外灌浆工作，保持井下液面平稳或地层微漏状态，防止溢漏转换等复杂情况。

四、射孔后通井刮壁

1. 井控风险

(1) 地层与井筒连通，起下钻、循环过程中油气侵入井筒，发生溢流。

(2) 下钻过程中，激动压力过大，导致井漏、漏转溢的风险。

(3) 起钻过程中，抽汲压力过大，导致溢流的风险。

2. 通井刮壁前准备

(1) 针对通井刮壁起下作业，井口必须准备与工具串配套的变扣接头（一用一备），并与井口内防喷工具连接组合，井口备好防喷单根（立柱）。

(2) 每道工序作业前，现场监督应要求作业队伍开展工作安全分析和工艺安全分析，所有施工应符合《塔里木油田试油井控实施细则》作业过程的井控要求。

(3) 提前落实通井规、刮壁器类型，若使用一体式刮壁器需提前排好钻具，按要求在刮壁井段进行刮壁作业，原则上最大下深距套管鞋以上30m。

(4) 检查井口防喷器组及控制系统，确保处于正常待命工况；现场负责人召开通井、刮壁前交底会，进行任务安排，要求分工明确、任务清晰、如有异常立即汇报。

3. 通井刮壁井控操作

(1) 作业期间钻井液工和录井联机员严格按照坐岗制度观察钻井液出口，并按要求灌浆，发现异常情况立即报告当班司钻。

(2) 若起下钻过程中发生溢流，则按《塔里木油田试油井控实施细则》起下钻杆过程中发生溢流时关井程序，实施关井。

(3) 若下钻到位，循环过程中发生溢流，则按《塔里木油田试油井控实施细则》钻磨过程中发生溢流时关井程序，实施关井；

(4) 严格按照目的层作业要求作业，进行短起下静止观察循环测后效，调整合适的钻井液密度，确保油气上窜速度满足后续下完井（测试）管柱、换装井口安全施工时间，现场按标准储备重浆和加重材料。

(5) 起下钻过程中，按照坐岗要求进行灌浆工作，并记录、核实灌入量或返出量，在油气层井段、油气层顶部300m井段内要严格控制起下钻速度，管柱中配置有刮壁器或大尺寸工具时的起下速度不得超过0.3m/s。

4. 注意事项

刮壁、通井完毕后，必须摸清油气上窜情况，确保安全再进行起钻作业。

五、下完井（测试）管柱

1. 井控风险

套管完井已射孔（或裸眼、筛管完井）沟通目的层，下完井（测试）管柱时间长，油气上窜，可能发生溢流、井漏、漏转溢的风险。

2. 下完井（测试）管柱前准备

(1) 下完井（测试）管柱前根据所下管柱规格尺寸，及时更换相应的闸板封芯，若所下管柱规格尺寸超过三种，则半封闸板封芯以匹配上部井口油管和使用频繁的油管尺寸为原则。

（2）无对应闸板封芯，钻台提前准备好防喷变扣（防喷单根并于风动绞车挂好，）、随时处于待命状态，下管柱前防喷单根组合：油管变扣+钻杆（油管）单根+方钻杆下旋塞。

（3）下完井（测试）管柱前最后一趟钻（刮壁、通井、射孔等），严格按照目的层作业要求作业，进行短起下静止观察循环测后效，调整合适的钻井液密度，确保油气上窜速度满足后续下完井（测试）管柱、换装井口安全施工时间，现场按标准储备重浆和加重材料。

（4）作业前，应制定详细的施工方案和应急预案，经业主单位审批后方可施工，施工前要做好施工方案和应急预案的交底。

（5）下对应尺寸油管前，钻台准备相应的内防喷工具、防喷单根、变扣接头、上扣的油管钳钳头、钳牙，钻台设置专区放置，并做好醒目标识。

（6）下井下安全阀前，钻台准备好剪断液控管线的专用剪切钳，钻台设置专区放置，并做好醒目标识。

（7）提前组织相关方开展防喷演练，确保能够及时准确关井。

3. 下完井（测试）管柱井控操作

1）井下安全阀入井前

（1）下钻过程中，按照坐岗要求进行记录、核实返出量，在油气层井段、油气层顶部300m井段内要严格控制起下钻速度，管柱中配置有大尺寸工具时的起下速度不得超过0.3m/s。

（2）下完井（测试）油管溢流应急处置程序按《塔里木油田试油井控实施细则》起下油管作业硬关井操作程序，实施关井。

（3）关井后及时汇报并研究制定下一步措施。

2）井下安全阀入井后

（1）下安全阀入井前进行试压，按程序对安全阀试压合格。

（2）发出溢流报警信号，工具队用专用剪切钳在油管外螺纹附近剪断井下安全阀液压控制管线，再按照应急处置程序按《塔里木油田试油井控实施细则》起下油管作业硬关井操作程序操作程序，实施关井。

（3）管柱下到位，要安装背压阀或油管内堵塞阀。

（4）坐好油管挂，上好顶丝。

4. 注意事项

（1）下管柱时，优先考虑在管柱结构中设置内防喷工具。

（2）若因工艺无法满足设置内防喷工具时，又发生井漏时，应根据液面监测情况调整吊灌频次与吊灌量。

六、换装防喷器安装采油气树

1. 井控风险

（1）现场换装井口，拆防喷器组与安装采油气树期间需拆开油管四通（或特殊四通）上部，存在井控风险。

（2）若安装质量不合格，存在井口承压后刺漏的井控风险。

2. 换装防喷器安装采油气树前准备

（1）作业前，应制定详细的施工方案和应急预案，经业主单位审批后方可施工，施工前要做好施工方案和应急预案的交底。

（2）提前准备好防喷器拆卸工具、吊装设备、试压设备、安装工具。

（3）换装前，应确认油管挂坐封完好，背压阀或油管内堵塞阀安装到位，密封可靠。

3. 换装防喷器安装采油气树井控操作

（1）安排专人观察井口，发现溢流及时报告。

（2）先拆松防喷器对角4个螺栓，确认无异常后再拆除其他螺栓。

（3）拆卸防喷器过程中，一旦发现溢流应立即停止拆卸并尽快恢复井口，关全封，按照《塔里木油田试油井控实施细则》溢流发现及关井、汇报、处置要求的相关规定进行汇报，及时组织实施压井施工作业。

（4）作业中途不得中止，要快速完成采油气树的安装。

（5）固定好井下安全阀控制管线，安装好安全阀控制装置，并测试合格。

（6）按试压标准对采油气树进行试压合格。

（7）如试压不合格，立即组织进行整改，并重新试压合格。

（8）试压合格，击落背压阀或堵塞阀堵塞，确认无压后，取出背压阀或油管堵塞阀，如有压力，挤压井无压力后进行取出。

4. 注意事项

（1）井内不连通的情况可以上述操作，井下连通时，则需要建立屏障。

（2）换装井口宜在白天进行。

七、替液

1. 井控风险

替喷过程中地层高压流体到井口后，井口设备承受高压引发刺漏的井控风险。

2. 替液前准备

（1）准备供液管线、供液泵（一备一用）及回收管线，并满足作业要求。

（2）水泥车作业时必须了解其性能及工作状况，除正常替液所需外，应另配一台备用，并保证所有车辆性能完好、工作可靠。

（3）所有替液管线必须采用硬连接并固定牢靠。

（4）高压管汇必须试压，试压值为预计最高施工压力的1.2倍，试压合格。

（5）顶替液准备量为井筒容积的1.2~1.5倍。

（6）不同液体相互替换时要打入500m高度的隔离液，隔离液的用量、密度、黏度应满足隔离效果、防止破坏钻井液性能及造成套管变形复杂情况；按《塔里木油田试油井控实施细则》替液作业井控要求执行。

（7）替液前应按单位替入液量，预测泵压和控制回压值，做出回压控制曲线。

（8）隔离液、过渡浆入井前应与井浆进行高温老化配比试验（配比方式：1:1、1:3、3:1各两组），老化时间不低于整个替液时间，温度高于地层温度10~15℃。

（9）作业前，应制定详细的施工方案和应急预案，经业主单位审批后方可施工，施工前要做好施工方案和应急预案的交底，准备工作做好后，现场召开替液前交底会，对各岗位进行任务安排，要安排专人进行观察，及时发现泄露情况。

（10）开始替液前，由监督、井队工程师、工具队及地面队一起对替液流程进行开关确认。

3. 替液作业井控操作

（1）开始替液时应首先用原井浆缓慢启泵顶通，待全井钻井液反循环通畅，达到预定替液排量且泵压平稳时开始按照替液设计替液。

（2）替出大于等于密度 1.8g/cm³ 的高密度钻井液，在隔离液前加过渡浆，过渡浆用量可参照隔离液用量。

（3）根据井下工具内径、外径、套管尺寸严格控制替液排量、压力，防止刺坏套管、井下工具、压漏地层等情况发生。

（4）必须保证连续施工直至替液结束，严禁中途无故停泵。

（5）替液时当低密度液体到达管鞋后井口开始控制适当的回压（按做好的回压控制表进行操作），使液柱压力加上回压与地层压力达到近平衡，尽可能避免地层流体进入井筒或憋漏地层造成新的污染。

（6）替液过程中必须对进出口液体性能、进出口液量进行测量，进出口液性一致时方可停泵。

（7）替液过程中突然发生泵压上升、循环不通的情况，应立即停止施工，查找、分析原因，严禁硬憋。

（8）替液过程中，如井口设备、地面流程发生刺漏，立即停止作业，根据情况采取紧急关断井下安全阀、泄压、关井、压井等措施。

（9）替液过程中保护井口采油树是重点，要加强巡回检查，发现刺漏，及时关断采油树总阀门或关闭液控安全阀进行整改，不断查看套压表或数据采集系统监测套压变化，根据管柱和封隔器所承受压差情况，制定一个套压范围区间，当套压升至一定值时，开套管闸门放压至低值。

（10）替液结束后，井口保持一定的回压进行下步工作，如投球坐封等。

4. 注意事项

（1）关键岗位要有对讲机，确保通讯畅通。

（2）替液施工必须由专人负责统一指挥，指令要准确清晰。

（3）替液过程中，严禁私自乱动阀门。

（4）严禁用潜水（油）泵给水泥车供油（替喷作业），严禁用潜水（油）泵、螺杆泵从排污罐中抽油到罐车上，必须使用离心泵（防爆电机）打油。

八、放喷求产

1. 井控风险

（1）放喷过程中，井口设备、地面流程承受高压刺漏的风险。

（2）放喷过程中油嘴刺坏或油嘴堵塞，造成地面流程突然承压高压发生刺漏的风险。

（3）放喷过程中井下管柱刺漏或封隔器失封，造成油套连通的风险。

（4）中途停喷，造成井下油套管受到压力突变发生破损的风险。

2. 放喷求产前准备

（1）放喷测试前，制定喇叭口窜漏及测试管柱高压泄漏、环空异常带压及第一井屏障失效应急预案，报业主单位审核确认后方可实施。

（2）作业前，应制定详细的施工方案和应急预案，经业主单位审批后方可施工，施工前要做好施工方案和应急预案的交底，并组织相关方进行应急演练。

（3）放喷前连接好地面流程，并按标准及相关要求对地面流程高压端、低压端及分离器分别进行液体试压、气密封试压合格。

（4）放喷排液前对地面流程进行全面检查，确认油嘴尺寸正确；远程控制紧急关断阀开关灵活，紧急泄压阀压力设置是否正确，基墩压板螺栓拧紧，固定牢靠，上钻台采油树、油嘴管汇、排污流程各阀门开关状态等。

（5）加强地面保温措施，避免冰堵或结蜡，尤其注意管线和油嘴保温。

3. 放喷求产井控操作

（1）严格按照设计控制参数控制油套压。

（2）放喷求产期间派专人24h巡视，地面队要加强地面流程的巡视，数采操作员24h严密观测流程工作压力数据。

（3）如发现正常放喷排液中油压下降，下游压力不降，立即检查高压管汇；发现管线刺漏，关闭上一级闸阀进行整改，严格按从外到里的顺序关断整改。

（4）如发现地面测试流程管线刺漏，则应立即启动应急预案进行整改（如：倒流程或关井，整改刺漏点）。

（5）如发现井口采油树刺漏，及时关闭井下安全阀或关闭液控安全阀进行整改；当最后一道防线被刺坏，直接进行压井。

（6）如发现油嘴刺坏或油嘴堵塞，立即关闭闸阀，取出油嘴检查，清洗或更换。

（7）放喷求产期间，特别是高压低产气藏，控制封隔器上下压差始终处于封隔器的承压范围内。

（8）加强油压和套压及产量的变化监测（有数采设备的进行数采监测），如油压上升、套压下降、产量上升及时关井观察，发现管柱刺漏或封隔器失封立即实施压井作业。

（9）若停喷，立即地面关井，观察压力恢复，并控制好油套压，保护井下油套管安全。

（10）立即检查采油树和地面流程的液控管线工作状态，检查远程控制柜压力变化。

（11）进行液面监测，了解油管内液面高度。

（12）若管内堵塞，则正挤乙二醇或清水（井筒内为气时，用盐水试挤）验证并挤通。

（13）放喷排液、测试求产时，温度上升，带动环空温度上升，液体膨胀，套压也快速上升，注意观察、监测套压，及时放套压，防止封隔器失封。

4. 注意事项

（1）测试期间各环空装检校合格的压力表或接数采系统，监测环空压力，一旦各套管环空带压及A环空压力异常要立即汇报带压情况，并加密监测压力变化情况。

（2）发现一级井屏障失效，则立即上报，启动应急预案，采取挤压井或井下关井循环压井，以确保井控安全。

九、酸化压裂

1. 井控风险

压裂作业设备多、环节多，施工过程危险性高，尤其是大型酸化压裂、重复压裂井，工序复杂，地面压力在60~120MPa之间，极易造成井身结构破坏、管线爆裂、砂堵油管、管柱断脱、井口设备刺漏等事故，引发井喷事故。

2. 压裂前准备

（1）分析施工井情况，识别、评估危害和影响等风险并制定措施。

（2）对所用设备、设施、配件、工具进行检查、维护，压力部件试压合格。

（3）阀门开关灵活，提示标识清晰可辨。

（4）计量仪表和限压保护及其他指示、报警、控制装置完好。

（5）安全阀有效，泄压管畅通、安全牢靠。

（6）其他防护设施配备到位，安全可靠。

（7）作业前，应制定详细的施工方案和应急预案，经业主单位审批后方可施工。施工前要做好施工方案和应急预案的交底，以保证所有的现场人员都知道压裂施工程序，现场人员都应清楚自己在压裂施工中的职责和在应急情况下的处理措施。

3. 压裂施工井控操作

（1）高压管线应紧贴地面布置，并做好固定防护措施。

（2）压力传感器近井口安装，不能安装在高压管汇与压裂泵之间。

（3）管线连接完毕，高压危险区按要求设置警戒带。

（4）作业过程中指定专人负责井口阀门操作，严格按照作业流程施工，防止误操作。

（5）超压保护设置：启泵开始液体注入后，应分级设定已启用压裂车的自动停车压力值，最高自动停车压力值不应超过最高试压值，级数和级差应根据动用压裂车数量和控制需要确定并及时调整。

（6）泵压与平衡压控制：最高泵压应按设计要求设置，实际施工泵压与设计预测情况差异较大，需要调整泵注程序和施工参数时，启动现场紧急商议、临时调整决策机制，在确保施工安全的前提下，适时对泵注程序和施工参数做出调整。

（7）切换液体应遵循"先开后关"原则操作，确认切入液体进入高压注入流程再关闭前一阶段注入液体；压裂车运行不正常或需要轮换停车时应遵循"先停后启"的原则快速操作，压裂车完成切换后应及时设置超压保护自动停车压力值。

（8）发现高压管线刺漏、脱扣和爆裂的，应立即停泵并关闭井口与注入流程的开关控制阀，整体泄压落零后进行整改，整改试压合格后重新开泵施工。

（9）施工过程中，泵压突然升高，达到设计高值时，应立即停泵，检查原因，防止造成井身结构破坏、管线爆裂、井口设备刺漏等事故，引发井喷事故。

（10）不具备安全施工条件时，应停止施工，重新研究方案后，再进行施工。

4. 注意事项

（1）酸化压裂施工压力较高，施工前进行走岗检查，确定高、低压阀门开关状态避免管线憋压爆裂。

（2）加砂施工时合理设置阶梯排量，防止高排量砂堵或因压力上升速度过快，造成管线快速憋压导致管线破裂。

（3）主管线安装紧急泄压阀、设定单车超压复位，在压力突然升高时可起到保护井口、压裂车组及高压管线的作用，泄压值按《塔里木油田试油井控实施细则》酸化压裂井控要求执行。

（4）酸化压裂作业结束后，需对井口外观进行渗漏检查，对井口螺栓进行紧固（井口带压井除外）确认。

十、起测试管柱

1. 井控风险

（1）起管柱前未压稳地层，换井口时发生井喷或起管柱过程中发生溢流。

（2）循环压井操作不当、压井液密度过高，压漏地层，造成液柱压力下降，漏转溢。

（3）现场换装井口，拆采油气树与安装防喷器组期间需拆开油管四通（或特殊四通）上部，存在重大井控风险；若安装质量不合格，存在井口承压后刺漏的井控风险。

（4）在封隔器解封过程中，因封隔器下的圈闭压力影响可能造成瞬时溢流，封隔器解封后存在井筒不稳定发生溢流的风险。

（5）由于油气层与井内处于连通状态，起管柱过程中容易出现抽汲压力，使井底压力小于地层压力，从而造成溢流的风险。

2. 起测试管柱前准备

（1）作业前，应制定详细的施工方案和应急预案，经业主单位审批后方可施工，施工前要做好施工方案和应急预案的交底，并组织相关方进行应急演练。

（2）提前准备好防喷器拆卸工具、吊装设备、试压设备、安装工具、足够的重浆。

（3）提前组织压裂车或泵车到位。

（4）工具队提前到位，并备齐内防喷工具（背压阀或堵塞阀）、配套送入工具、防喷单根（连接好转换接头）等工具。

（5）准备好与管柱相匹配的气动卡瓦或吊卡，与管柱尺寸相匹配的已经调整好钳牙的液压钳。

3. 起测试管柱井控操作

1）循环压井

（1）循环压井期间，钻井液工应加强坐岗。

（2）按井下工具参数，环空打压，关闭安全循环阀，使用压井液反循环压井。

（3）按井下工具参数，环空打压，打开循环阀，使用压井液进行挤压井，将封隔器下部油气挤压回地层。

（4）静止观察地层是否压稳，如井口无压力，转入换井口作业。

（5）如过程中发生溢流或未压稳情况，调整压井液密度，重新组织压井。

2）拆采油气树，安装防喷器组

（1）更换井口期间，安排专人观察井口。

（2）下入背压阀或堵塞阀，并试压合格。

（3）拆采油气树，安装防喷器，并试压合格。

（4）拆卸采油气树过程中，一旦发现溢流应立即停止拆卸并尽快恢复井口，关井，按照《塔里木油田试油井控实施细则》溢流发现及关井、汇报、处置要求进行汇报，及时组织实施压井施工作业。

3）封隔器正常解封

（1）检查井口防喷器组及控制系统，确保处于正常待命工况。

（2）检查钻机提升系统、动力系统、油管钳，起管柱期间不会发生故障；确认井筒内液柱压力能平衡地层压力，井眼畅通，满足起管柱要求。

（3）卸松顶丝，并用米尺逐个检查每个顶丝出来的长度，确保不会挂伤油管挂。

（4）解封期间，钻井液工应加强坐岗。

（5）解封操作前，提前把对应油管规格的防喷变扣（带旋塞）连接准备好。

（6）解封后要让封隔器胶筒静止收缩5~10min以上再动管柱。

（7）起管柱期间加强坐岗制度，解封后起管柱发生溢流，钻井队、油管队立即抢接防喷变扣（带旋塞），进行关井动作。

（8）解封后未拆油管挂发生溢流，则调整油管挂至合理位置进行关井动作。

（9）解封后已拆油管挂发生溢流，抢接防喷变扣（带旋塞），进行关井动作。

4）封隔器解封失败

（1）解封期间，钻井液工应加强坐岗。

（2）解封操作前，提前把对应油管规格的防喷变扣（带旋塞）连接准备好。

（3）解封时间过长达到安全观察时间70%，则重新循环压井液至进出口密度一致，再进行解封操作。

（4）解封失败则对封隔器上部油管进行切割或倒扣，起出封隔器以上油管，起油管前进行短起下、循环测后效，确保井内平稳，满足安全时间之后进行起管柱作业。

5）起管柱

（1）按《塔里木油田试油井控实施细则》起下管柱作业井控要求进行短程起下钻检测油气上窜速度，满足下步作业的安全时间方可施工。

（2）落实好钻井液工坐岗和录井坐岗，做到在起管柱期间能及时发现溢流。

（3）正常起管柱，若起管柱期间发生溢流，按《塔里木油田试油井控实施细则》起下油管作业硬关井操作程序，实施关井。

（4）在油气层中和油气层顶部300m井段，起钻速度不得超过0.3m/s，防止产生过大的抽汲压力。

（5）严格按照《塔里木油田试油井控实施细则》起下管柱作业井控要求实施灌浆，核实好灌浆量是否与起出管柱体积一致。

4. 注意事项

（1）关键工序、工具起出井口时，试油监督、井队值班干部与工具队技术人员应在司钻房盯防指挥。

（2）解封期间，钻井液工应加强坐岗。

（3）解封操作前，提前把对应油管规格的防喷变扣（带旋塞）连接准备好。

（4）起管柱期间若需进行反循环洗压井作业，作业前应检查落实所使用封井器对应的闸板尺寸、密封高度、开关状态显示、防提断装置等，循环完后应确保封井器已处于完全打开状态，方可继续起管柱。

第二节　台盆区碳酸盐岩井试油作业井控风险与防控措施

碳酸盐岩储层压力窗口窄，易漏易喷，富含硫化氢，试油作业期间存在溢流、井漏转溢流、硫化氢溢出等风险，可能因人员数量配备不足、人员素质和井控技能不足、井控装备配备不合理、压井钻井液材料储备不足等因素造成不能及时发现溢流、关井速度慢或不能及时处理溢流，导致井控事故发生。本节从试油作业前准备、应急准备、酸化压裂、替液、起管柱、试油（气）可能遭遇的影响井控安全的意外情况及应对等六个方面阐述了台盆区碳酸盐岩储层试油过程中的井控风险和管控措施。

一、下完井管柱

1. 井控风险

（1）下完井管柱时油气层已钻开，存在溢流风险和井漏转溢流的风险，且完井管柱工具复杂，发生溢流后关井难度较大。

（2）完井管柱使用油管种类多，规格型号不同，防喷器组可能没有对应尺寸的半封闸板，存在不能及时关井的风险。

2. 下完井管柱前准备

（1）现场井队工程师、工具队双方对封隔器管柱再次核对，确认无误，漏失井宜使用POP阀。

（2）根据油管尺寸提前换装相应尺寸的封芯，作业前再次检查井口防喷器组及控制系统，确保处于正常待命工况。

（3）检查钻机提升系统、动力系统，避免下钻期间发生故障。

（4）在钻台上准备好旋塞+变扣（提前上好扣，旋塞处于开位）及防喷单根，要求一备一用。

（5）落实钻井液坐岗和录井坐岗，确保下封隔器期间能及时发现溢流和井漏；液面不在井口的井需确认液面检测设备处于完好状态，便于定期监测液面。

（6）对于油气活跃的井，封隔器以下油管提前接立柱，方便工具快速连接入井。

（7）钻井液工程师调整好压井液性能、根据设计要求配制压井液数量，密度足设计要求，要求试油压井液具有良好的抗高温沉降稳定性、流变稳定性，必须做配伍性、高温稳定性实验。

（8）确认井筒内液柱压力平衡、井下安全时间，井眼畅通，满足下钻要求。对于井筒不稳定的井，在不存在起圈闭压力情况下，可在下管柱之前反推一定量井浆，确保下管柱初期井筒稳定。

3. 下完井管柱井控操作

（1）起钻完，演练抢接（旋塞+变扣）后的关井动作。

（2）下完井管柱过程中，根据下入油管的不同，同步更换与油管尺寸规格相匹配的防喷变扣、防喷单根，将防喷变扣接头与旋塞连接紧固。

（3）封隔器使用油管加短节送入，若接封隔器期间发生溢流。

①封隔器未连接发生溢流：快速甩掉封隔器，上提油管至关井位置按照关井程序进行关井。

②封隔器已连接发生溢流：司钻立即下放管柱，按关井程序关井。

（4）接伸缩管期间发生溢流。

①伸缩管未连接发生溢流：快速甩掉伸缩管，上提油管至关井位置按照关井程序进行关井。

②伸缩管已连接发生溢流：司钻立即下放管柱，内外钳工抢接防喷单根（旋塞＋一根钻杆＋变扣）后按关井程序关井。

（5）下井下安全阀过程中发现溢流。

①连接井下安全阀及液控管线期间发生溢流：停止连接井下安全阀及液控管线作业，泄压关闭井下安全阀，用断线钳从安全阀接头上端 100mm（±50mm）剪断控制管线，下放吊卡至转台面，抢接所下油管对应扣型的防喷变扣后关井。

②井下安全阀入井后发生溢流：停止下油管作业，上提 1 或 2 根油管（根据闸板位置来定），固定并剪断控制管线，下放油管吊卡，抢接旋塞＋所下油管对应扣型的防喷变扣后关井。

③液控管线穿越油管挂期间发生溢流：立即停止液控管线连接，紧固油管挂上液控管线孔堵头，抢接送挂管柱，接顶驱，缓慢下放管柱坐挂；对角紧固顶丝。打开 4# 液动放喷阀。

（6）正常下钻期间发生溢流，按关井动作关井。

（7）如液面不在井口，需定期监测液面、吊灌浆，液面检测间隔时间不得大于 30min，单次液面上涨超过 20m，立即汇报井控专家，单次液面上涨超过 50m 直接关井，若为溢流按照溢流处置，若为其他原因，则确认满足条件后继续下钻。

4. 注意事项

（1）为保证下工具顺利，各方负责人要全程在岗值守。

（2）封隔器进入小套管后要控制下入速度，防止提前坐封。

二、换装采油气树

1. 井控风险

更换采油树期间井口控制装备完全拆除，一旦发生溢流，无法迅速关井。

2. 换采油气树前准备

（1）确认两道屏障合格有效。

（2）提前将泵车连接在压力管汇并试压合格。

（3）施工前召开会议，进行技术交底，安排好人员分工及施工步骤，保证通信工具（对讲机）满足使用要求，尽量缩短换装井口时间。

3. 换装采油树井控操作

（1）安排专人观察井口，发现溢流及时报告。

（2）先拆松防喷器对角 4 个螺栓，确认无异常后再拆除其他螺栓。

（3）拆卸防喷器过程中，一旦发现溢流应立即停止拆卸并尽快恢复井口，关全封，按照塔里木油田溢流汇报处置程序汇报，及时组织实施压井施工作业。

（4）作业中途不得中止，要快速完成采油气树的安装。

（5）固定好井下安全阀控制管线，安装好安全阀控制装置，并测试合格。

（6）按试压标准对采油气树进行试压合格。

（7）如试压不合格，立即组织进行整改，并重新试压合格。

（8）试压合格，击落堵塞阀堵塞，确认无压后，取出油管堵塞阀，如有压力，挤压井无压力后进行取出。

（9）换装井口过程中如发生溢流，按下列程序处理。

①若全封未拆卸发生溢流，应立即安装液控管线，关闭全封。

②若全封已拆卸、且未拆至油管头四通时发生溢流，应立即将全封安装回油管头四通上，对角紧固四颗螺栓，安装液控管线，关闭全封。

③若上部井口防喷器都已拆下，井口为油管头四通时发生溢流，应立即抢装采油树，对角紧固四颗螺栓，关闭采油树各阀门。

4. 注意事项

作业过程中，井控专家要全程监督、指导。

三、替液

1. 井控风险

对已射孔地层或裸眼井，当低密度环空保护液或有机盐水替高密度钻井液时，因为回压控制不当使液柱压力与井口回压之和不能平衡地层压力，地层高压流体进入井筒，导致井口高压、井口刺漏、井喷或憋漏地层的风险。

2. 替液前准备

（1）替液作业前编写详细的替液设计，主要包含替入液量、预测泵压和控制回压值，绘制回压控制曲线，尤其是已射孔地层或裸眼井。碳酸盐岩油气井采用两趟完井管柱的，应在施工设计中分析替液后下部管柱失效的风险，并制定带压回插作业或其他方案。

（2）替液前应查清井身结构及质量，根据各段套管外对应钻井过程中的钻井液密度、固井质量、试压情况、抗外挤强度，通过套管磨损程度及剩余强度分析、测试（完井）管柱力学分析，确定安全合理的顶替液密度。

（3）检查落实反循环管线、上水管线及回收管线是否配备，并满足作业要求。

（4）检查采用水泥车、压裂车作业时必须了解其性能及工作状况，除正常替液所需外，应另配一台备用，并保证所有车辆性能完好、工作可靠。

（5）所有替液管线应采用硬连接并固定牢靠。

（6）地面高压管汇应按照预计最高施工压力的 1.2~1.5 倍试压，稳压 15min 不渗漏为合格。

（7）顶替液准备量为井筒容积的 1.2~1.5 倍；洗井清水准备量为井筒容积的 1.5~2 倍，对已射孔地层宜加入 3~5% 的活性剂，防止造成新的污染。

（8）不同液体体系间相互替换时要设置 300~500m 的隔离液，隔离液的用量、密度、黏度应满足隔离效果、防止破坏钻井液性能，以及造成套管变形复杂情况，重点井应通过室内实验确定合适的隔离液配方。

（9）替液前应按单位替入液量、预测泵压和控制回压值，绘制回压控制曲线，尤其是已射孔地层（裸眼完井）。

（10）隔离液入井前应与井浆进行高温老化配伍试验，老化时间不低于 24h，温度不低于测井温度。

3. 替液井控操作

（1）根据井下工具内径、外径、套管尺寸设计合理的替液排量和压力，开始替液时应缓慢启动泵车，待全井钻井液反循环通畅，达到预定替液排量且泵压平稳时开始正式替液；带封隔器的替液管柱一般情况下排量控制在 0.3m^3/min 之内。

（2）对已射孔地层（裸眼完成井），当低密度液体到达管鞋后井口应按回压控制图、表控制适当的回压，使液柱压力与回压之和应能平衡地层压力，尽可能避免地层流体进入井筒或憋漏地层造成新的污染。

（3）替液施工应连续进行，严禁中途无故停工；若由于设备等原因造成中途停工，对已射孔地层（裸眼完成井），替液时井口已开始控制回压的，中途停泵应同时关闭出口截止阀。

（4）替出的钻井液应回收入罐（池），气侵严重的钻井液应先进除气设备除气后再回收；替液过程中应对进出口液体性能、进出口液量进行监测，进出口液性基本一致时方可停泵。

（5）替液过程中，气侵严重的钻井液应先进除气设备后再回收。

（6）对两趟完井管柱，在管柱回插过程中需替液时，若判断浮阀未正常工作的，宜采用小排量顶通的作业方式使浮阀阀板复位；若判断浮阀已失效，应中止替液施工。

（7）替液过程中若突然出现泵压上升或出口流速增大，应立即停泵，迅速关井，恢复正常后再进行下步作业，严禁硬憋。

（8）碳酸盐岩油气井采用两趟完井管柱的，回插管柱替液要考虑负压差下井下工具失效的可能性，密切关注替液过程中返出流体液性变化。

（9）对已射孔地层或裸眼井，替液过程如因井漏不能建立循环，则将套管环空全部反挤为需要的液体，再将管柱内全部正挤为需要的液体。

（10）替液作业要考虑设备连续工作能力，防止中途停止，检修设备。

（11）现场施工由专人负责统一指挥，操作人员应密切注意泵压的变化及对地面、井口管线进行检查，发现情况及时汇报处理。

（12）替液结束后，对已射孔地层（裸眼完成井），替液结束时井口保持一定的回压进行下步工作，如投球坐封等。

4. 注意事项

（1）碳酸盐岩油气井替液过程中出现以下几种特殊情况，宜采用正、反挤式进行替液，漏失严重无法建立循环或返出量不足泵入量 1/2 的井。出口周边连检测到硫化氢的浓度大于或等于 20ppm 的井。前期钻井作业出现套压超过 10MPa 或出现过纯气柱的情况，且地层无明显圈闭压力的井。

（2）保护井口采油树是重点，要加强巡回检查，发现刺漏，及时关断采油树总闸门或关闭液控安全阀进行整改。

（3）替液结束后，如需释放井口回压的，应分级释放，确认井下工具密封合格后，再进行下步作业。

五、坐封验封

1. 井控风险

坐封验封过程，需要投球、候球、打压操作，可能在坐封封隔器的过程中发生油气滑脱，影响坐封验封。打压操作不当，可能造成封隔器坐封失败，被迫起管柱。

2. 坐封验封前准备

（1）坐封前应根据管柱内外浆柱结构、井口压力，计算封隔器内外压差，结合工具销钉设置，合理设计坐封程序。

（2）泵车提前连接压井管汇，对压力表进行分级打压校验。

（3）连接好泵车及管线，并试压合格。

3. 坐封验封井控操作

（1）投球前先检查确认井口无压力。

（2）再次检查确认坐封球尺寸，根据球的尺寸、油管尺寸、坐封深度确定候球时间。

（3）对泵车设置超压保护，严格按照坐封程序分级打压坐封封隔器，必要情况下可泄压后二次坐封。

（4）封隔器验封值一般为压差 15~20MPa。

（5）对于井口回压过高、井口四通试压值较低的井，不具备条件正打压验封时，可采用泄压延封。

（6）对于地层压力系数较低、液面较深的井，采用分段灌液的方式坐封、验封。

4. 注意事项

（1）替液结束后，应尽快完成封隔器坐封、验封操作，避免替液后油气滑脱至封隔器以上。

（2）计算好地层压力系数，合理设计封隔器坐封压力与球座击落压力。对于漏失井，避免在封隔器未充分坐封的情况下击落球座。

六、放喷求产

1. 井控风险

（1）放喷过程中，井口设备、地面流程承受高压刺漏的风险。

（2）放喷过程中油嘴刺坏或油嘴堵塞，造成地面流程突然承压高压发生刺漏的风险。

（3）放喷过程中井下管柱刺漏或封隔器失封，造成油套连通的风险。

（4）中途停喷，造成井下油套管受到压力突变发生破损的风险。

2. 放喷求产前准备

（1）放喷测试前，制定喇叭口窜漏及测试管柱高压泄漏、环空异常带压及第一井屏障失效应急预案，报业主单位审核确认后方可实施。

（2）作业前，应制定详细的施工方案和应急预案，经业主单位审批后方可施工。施工前要做好施工方案和应急预案的交底，并组织相关方进行应急演练。

（3）放喷前连接好地面流程，并按标准及相关要求对地面流程高压端、低压端及分离器分别进行液体试压、气密封试压合格。

（4）放喷排液前对地面流程进行全面检查，确认油嘴尺寸正确；远程控制紧急关断阀开关灵活；紧急泄压阀压力设置是否正确；基墩压板螺栓拧紧，固定牢靠；上钻台采油树、油嘴管汇、排污流程各阀门开关状态等。

（5）加强地面保温措施，避免冰堵或结蜡，尤其注意管线和油嘴保温。

3. 放喷求产井控操作

（1）严格按照设计控制参数控制油套压。

（2）放喷求产期间派专人24h巡视，地面队要加强地面流程的巡视，数采操作员24h严密观测流程工作压力数据。

（3）如发现正常放喷排液中油压下降，下游压力不降，立即检查高压管汇；发现管线刺漏，关闭上一级闸阀进行整改，严格按从外到里的顺序关断整改。

（4）如发现地面测试流程管线刺漏，则应立即启动应急预案进行整改（如：倒流程或关井，整改刺漏点）。

（5）如发现井口采油树刺漏，及时关闭井下安全阀或关闭液控安全阀进行整改；当最后一道防线被刺坏，直接进行压井。

（6）如发现油嘴刺坏或油嘴堵塞，立即关闭闸阀，取出油嘴检查，清洗或更换；

（7）放喷求产期间，特别是高压低产气藏，控制封隔器上下压差始终处于封隔器的承压范围内。

（8）加强油压和套压及产量的变化监测（有数采设备的进行数采监测），如油压上升、套压下降、产量上升及时关井观察，发现管柱刺漏或封隔器失封立即实施压井作业。

（9）若停喷，立即地面关井，观察压力恢复，并控制好油套压，保护井下油套管安全。

（10）立即检查采油树和地面流程的液控管线工作状态，检查远程控制柜压力变化。

（11）进行液面监测，了解油管内液面高度。

（12）若管内堵塞，则正挤乙二醇或清水（井筒内为气时，用盐水试挤）验证并挤通。

（13）放喷排液、测试求产时，温度上升，带动环空温度上升，液体膨胀，套压也快速上升，注意观察、监测套压，及时放套压，防止封隔器失封。

4. 注意事项

（1）测试期间各环空装检校合格的压力表或接数采系统，监测环空压力，一旦各套管环空带压及A环空压力异常要立即汇报带压情况，并加密监测压力变化情况。

（2）发现一级井屏障失效，则立即上报，启动应急预案，采取挤压井或井下关井循环压井，以确保井控安全。

七、酸化压裂

1. 井控风险

酸化压裂施工泵压高，可能会造成管线刺漏、管柱刺漏、井口刺漏、封隔器失封等风险。

2. 酸化压裂前准备

（1）酸化压裂前，要编制施工设计和应急预案。

（2）按设计要求备水，按照压裂液和酸化液配方配制施工液体，由质检中心人员检测液体性能，确认性能符合设计施工要求。

（3）施工前开交底会，交代安全注意事项，对高压区进行风险识别并设置警戒线，非作业人员严禁进入并远离高压区，作业人员无作业需要时远离高压区。

（4）现场使用的高压管汇应第三方检验合格并在有效期内。安装压裂流程，井口主压裂通道上应有两个及以上的控制阀门，且应有限压保护措施。要对井口和压裂管线进行检查，按不低于预计最高施工压力试压，稳压5min，压降不超过试验压力的2.5%，试压合格后，方可施工。

（5）采油（气）井口要用 4 根 5/8in 钢丝绳分别对角绷紧固定（独立支撑应使用水泥基墩）。

（6）检查仪器仪表在校验合格并在有效期内，调试正常。高压区域安装视频监控。

3. 酸化压裂施工井控操作

（1）酸化压裂施工时套压不允许超过套管抗内压强度的 80% 和套管头注塑压力两者中的低值（经过验证的可采用验证值），并且作用在封隔器上的管内外压差应小于封隔器额定压差的 70%。

（2）储层改造施工泵压高，及时补好平衡套压，且应有保护油层套管的设施或技术措施。

（3）根据排量、注入的液体密度、摩阻及泵压，计算与判断井下管柱、封隔器的受力情况，通过环空施加平衡套压来改善其受力情况。

（4）酸化压裂作业结束后需对井口螺栓进行紧固（井口带压井除外），对外观进行渗漏检查。

4. 注意事项

（1）施工前开展工作安全分析，针对风险制定相应的控制措施，进行合理的人员分工。

（2）施工前检查确认井口螺栓紧固到位。

（3）酸化压裂高压主管线上依照液体流动方向，依次安装旋塞阀、单流阀、放压阀、安全阀、压力传感器，安装位置应尽量靠近采油树井口。

（4）在压裂管线上通过循环排空管线返回至液罐，施工前每台压裂车逐台大排量循环排空，保证压裂车在施工中不走空泵，压力、排量记录不受流程内气体影响。

（5）施工过程中高压区域用安全带隔离，并设置安全提示牌。

（6）压裂车组配备至少 10 套防爆对讲机及配套单充，确保各岗位通讯畅通。

（7）大型压裂施工前需应急中心服务人员、采油树厂家人员、消防人员到井值班。

八、起管柱

1. 井控风险

在试油作业过程中，根据工艺需要，更换原井试油管柱、通井（因钻井液堵塞地层无法建立流入通道而起管柱、井下工具工作异常无法实现试油目的等情况），均需要起管柱作业。此时井筒已与地层联通，存在溢流、井漏、硫化氢伤害、钻机设备故障和井控装备故障等风险。

2. 起管柱前准备

（1）检查井口防喷器组及控制系统，确保处于正常待命工况。

（2）检查钻机提升系统、动力系统、循环系统是否处于正常待命工况。

（3）检查油管钳、液压站是否处于正常待命工况。

（4）确认井内是否有硫化氢、压井钻井液中除硫剂加量是否满足要求，钻井液性能是否稳定，老化实验是否过关。

（5）按试油井控实施细则第六十三条起下管柱作业井控要求的四种情况进行短程起下钻检测油气上窜速度，满足下步作业的安全时间方可施工。

(6)准备好防喷变扣、旋塞、防喷单根(或防喷立柱),防喷单根放在便于起吊抢接的位置,防喷立柱立于钻杆盒内。

(7)落实钻井液坐岗和录井坐岗,确保起管柱期间能及时发现溢流和井漏。

3. 起管柱作业井控操作

(1)油气上窜速度满足井控对起钻的要求后开始起管柱。

(2)使用油管钳进行油管卸扣,3½in 及以上规格油管需甩单根,特殊情况下需要立立柱时,制定立立柱安全措施,3½in 以下规格油管需甩单根。

(3)起油管过程中发生溢流,立即抢接井口旋塞,按照关井程序进行关井并汇报。

(4)起油管过程中发生井漏,先关井观察,监测好液面位置,按照起出2倍体积进行吊罐,确保油气不上窜、井内钻井液处于漏失状态。

(5)起钻至井下工具时,根据工具扣型及时调整防喷变扣,确保能在第一时间关井。

(6)起钻过程中全程做好井口防落物工作,防止发生次生事故。

(7)井口检测好硫化氢,发现硫化氢后,根据硫化氢浓度大小,采取反推或者节流循环方式更换全井钻井液。

4. 注意事项

(1)起管柱期间发生井漏或溢流等异常情况,做到及时发现及时正确关井。

(2)做好起钻至井下工具位置的关井措施,加强桌面推演。

(3)起管柱过程中钻井液、录井要核对好灌入量,出现拔活塞现象要及时停下来制定对策,避免将油气抽至井筒内。

(4)封隔器解封后应静待胶桶回缩30min以上,起钻过程中注意防止抽汲。

第三节 试油可能遭遇的影响井控安全意外情况及应对措施

试油过程中可能会遇到钻机设备故障、单吊环、带内防喷工具的井筒溢流、喷过程中地面管汇刺漏等意外情况,必须提前有所预防。典型的意外情况主要包括起下钻过程中发生管柱落井、作业过程中钻机提升故障、水眼内无法建立循环等。本节针对典型情况进行了井控风险分析,提出了应对措施。

一、起下钻单吊环、卡盘未扣紧导致管柱落井

1. 井控风险

起下油管过程中,可能发生单吊环、卡盘未卡紧管柱导致管柱落井、工具扣未上紧脱扣管柱落井,导致漏转溢风险。

2. 管柱落井前准备

(1)井口防喷器组及控制系统处于正常待命工况。

(2)落实钻井液坐岗和录井坐岗,确保发生管柱落井能及时发现井漏、溢流。

(3)准备好防喷变扣、旋塞、防喷单根(或防喷立柱),防喷单根放在便于起吊抢接的位置,防喷立柱立于钻杆盒内。

(4)现场提前准备好水泥车或压裂车和高压管线,应急情况下可及时进行压作业。

3. 管柱落井井控操作

（1）管柱掉落至封井器以下，立即关井，关闭全封闸板防喷器并按照事故汇报程序进行汇报，监测套压。

（2）将水泥车或压裂车管线与压井管汇连接，确保能及时压井。

（3）调整好钻井液密度，准备好钻井液量，钻井液量不够时及时配浆。

（4）监测套压，若套压不为零，根据套压值制定好压井方案进行压井；若套压为零，打开节流管汇观察出口，采用压井管汇灌浆，核对好灌入量和返出量，判断井下是否漏失。

（5）若井下漏失，液面不在井口，及时进行灌浆，确保油气不进入井眼。

4. 注意事项

（1）管柱落井第一时间进行关井，监测好套压值。

（2）现场准备好充足的钻井液量，并确保钻井液性能满足要求。

（3）现场水泥车或压裂车要处于待命工况，确保高套压时能进行压井作业。

二、起下钻过程中钻机提升系统故障

1. 井控风险

试油作业地层油气与井眼联通，若钻机提升系统发生故障，长时间处理钻机提升系统，油气滑脱上升，存在溢流风险。

2. 提升系统故障井控操作

（1）将油管下放至钻台面坐吊卡。

（2）使用变扣加旋塞控制水眼。

（3）关闭防喷器，控制环空，监测套压。

（4）连接方钻杆或顶驱。

（5）油管鞋位置、管柱、井下工具满足循环条件可进行循环钻井液。

（6）保持循环状态下维修钻机提升系统，录井监测好油气显示。

（7）提升系统维修好后，再循环 1.5 周后进行起下钻作业。

（8）若不具备循环条件，关井监测油套压，打好钻具死卡，必要时采用水泥车或压裂车进行压井。

（9）提升系统维修好后，进行挤压井作业，确保井筒无油气侵入。

3. 注意事项

（1）钻机提升系统出现故障后，应在第一时间关井，并安排专人进行立套压观察。

（2）故障处理完后，必须在井筒稳定的情况下进行下步作业。

三、下管柱到底后发现溢流，水眼内无法建立循环

1. 井控风险

管柱下到设计位置后，水眼无法建立循环，井底油气显示活跃，出现溢流井控风险后，无法实施循环压井，若地层吸液能力差，可导致挤压井困难。

2. 下管柱前准备

（1）井口防喷器组及控制系统处于正常待命工况。

（2）提前准备好带压穿孔队伍。

（3）落实钻井液坐岗和录井坐岗，确保能及时发现井漏、溢流。

（4）准备好防喷变扣、旋塞、防喷单根（或防喷立柱），防喷单根放在便于起吊抢接的位置，防喷立柱立于钻杆盒内。

（5）现场提前准备好水泥车或压裂车和高压管线，水泥车或压裂车提前接至压井管汇，应急情况下可及时进行压井作业。

3. 下管柱发现溢流水眼内无法循环井控操作

（1）连接好水泥车压井管线，提前进行排空试压。

（2）井口接好变扣旋塞，同时连接方钻杆或顶驱。

（3）打好钻具死卡。

（4）根据套压值配好钻井液。

（5）使用水泥车或压裂车进行挤压井作业。

（6）关井观察，确保无套压、环空安全。

（7）拆方钻杆或顶驱，连接带压穿孔装备。

（8）使用带压装备穿孔，穿孔完后进行循环压井。

（9）压稳井后，按照起下管柱井控要求进行起油管作业。

4. 注意事项

（1）下管柱过程中，钻井液、录井坐好岗，发现溢流后能及时关井。

（2）提前准备好水泥车或压裂车，做好试压。

（3）根据工具性能要求进行挤压井作业，控制好压力，避免井下封隔器提前坐封。

（4）连接带压装备时，必须使用三通，预留压井通道，特殊情况下能进行水眼内压井作业。

（5）带压装备连接好后试好压，先进行通井，然后进行穿孔作业。

第五章　油气层事故处理井控风险及防控措施

在油气层作业期间，井下发生卡钻、掉落鱼等事故复杂后，处理过程工序复杂、情况多变，井控风险高。本章结合钻井、井下作业油气层作业过程中处理事故复杂常见的下管柱打捞、泡酸、泡解卡液、爆炸松扣、钻磨封隔器等典型工艺，阐述了在油气层事故处理过程中的井控风险和防控措施，用于指导现场安全操作。

第一节　下管柱打捞井控风险与防控措施

一、碳酸盐岩储层下管柱打捞井控风险与防控措施

1. 井控风险

（1）压力敏感，安全密度窗口窄，溢漏同存，溢漏转换频繁，规律性差。

（2）高含硫化氢，可能造成钻具氢脆、设备腐蚀、人身伤害。

（3）工具尺寸大、长度长，起下速度快，激动抽吸压力大，存在井漏或溢流的风险。

（4）下部井筒的气体无法循环带出井口，在起下打捞管柱时，气体上窜发生溢流。

（5）钻具内有电缆抢接内防喷工具时间长，下套铣管无对应尺寸的半封闸板，发生溢流后关井难度大的风险。

（6）发生单吊环故障，钻具下落冲击地层，存在井漏转溢流的风险。

（7）工具尺寸大、长度长，起钻过程中易产生抽汲和激动压力，存在溢流或井漏转溢流的风险。

（8）起出落鱼不规则弯曲，无法直接实施关井。

（9）现场无合适工具，准备时间长，超过安全时间，存在溢流的风险。

2. 下打捞管柱前准备

（1）根据现场钻井参数变化，判断事故类型、钻具断裂位置。

（2）钻进过程中发生断钻具，不要盲目起钻，关井反挤一个井筒容积的钻井液后，静止观察 30min，无套压再起钻。

（3）钻进过程中发生卡钻，具备条件的应坚持循环一定时间排除后效，压稳油气再进行下步作业。

（4）发生单吊环故障，钻具下行段较长，关闭全封，通过反循环管线连续灌浆，安排专人观察套压，灌至微起套压后停灌，观察套压变化情况，如套压持续上升，则通过反循环管线注重浆；如套压不变，开井抢下防喷管柱；如套压下降，持续灌浆，并安排液面监测。

（5）井口钻具发生断裂，如可关闭全封，则先关闭全封，并安排专人观察套压，再组织工具进行打捞。

（6）井口钻具发生断裂，无法关闭全封，则下入防喷单根或防喷立柱关闭半封闸板，并使用钻具死卡固定好防止钻具上顶，安排专人观察套压，再组织工具进行打捞。

（7）工程师检查丈量所有工具、转化接头、内防喷工具扣型，并标识在工具、接头本体上，工程师编制管柱连接表，确保所有工具、转换接头、内防喷工具扣型相符，管柱中必须明确内防喷工具配备要求。

（8）下管柱前，组织召开施工前交底会，对起下管柱过程中可能发生的溢流、井漏等井控风险进行分析，制定相应的应急措施。

（9）钻台备齐全防喷单根（立柱），尤其是下套铣管前，提前备好带循环头的防喷单根（立柱），放置于便于起吊抢接的位置，不被其他物体遮挡。

3. 下打捞管柱井控操作

（1）井口连接工具、管柱未入井发生溢流，按照空井关井程序关井。

（2）管柱已入井，发生溢流，抢接防喷单根（立柱），按照起下钻关井程序关井。

（3）下管柱过程中如可能超过安全作业时间，应提前反推一个井筒容积的钻井液。

（4）正常下钻到底后，循环至少一个循环周；出入口密度差不超过 $0.02g/cm^3$。

（5）循环或下钻过程中如发生井漏，再按排量 6~8L/s 循环测漏速，若漏速不满足下步作业需要，可采取降密度控制漏速。

（6）液面不在井口期间每 15min 测量一次液面，钻井队将液面情况记录到坐岗记录本中。起钻过程中按起出钻具体积 1.5~2 倍进行吊灌；静止或下钻过程中，每 15min 环空定量吊灌一定量的钻井液，保持井下处于漏失状态，平衡或抑制油气上窜；若发现液面上涨，应加密液面监测和加大吊灌量、密度、频次。

（7）下钻时控制下放速度，防止压漏地层，管柱内带浮阀的，5~10 柱一灌；每下 3~5 柱钻杆、1 柱钻铤核对一次钻井液返出量。

（8）起钻时油气层顶以上 300m 井段内起钻速度不得超过 0.3m/s。

（9）起出落鱼可能不规则弯曲，优先准备对应防喷立柱。

（10）起钻连续灌浆，根据井况液面位置确定灌注的频次，灌注量以保证井底压力和井内液面距井口的距离满足井控安全要求为原则。

4. 注意事项

（1）下套铣管等特殊工具时需提前开展防喷演练，做好倒换吊卡的准备。

（2）油气层顶以上 300m 井内作业时，值班干部、工程监督、井控专家要钻台值守，落实双盯责任。

（3）起下钻前要确认井筒压力平衡，安全作业时间足够。

二、库车山前高压气井油气层下管柱打捞井控风险与防控措施

1. 井控风险

（1）下部井筒的气体无法循环带出井口，在起下打捞管柱时，气体上窜发生溢流。

（2）钻具内有电缆抢接内防喷工具时间长，下套铣管无对应尺寸的半封闸板，发生溢流后关井难度大的风险。

（3）发生单吊环故障，钻具下落冲击地层，存在井漏转溢流的风险。

（4）工具尺寸大、长度长，起钻过程中易产生抽汲和激动压力，存在溢流或井漏转溢流的风险。

（5）起出落鱼不规则弯曲，无法直接实施关井；现场无合适工具，准备时间长，超过安全时间，存在溢流的风险。

2. 下管柱打捞前准备

（1）根据现场钻井参数变化，判断事故类型、钻具断裂位置。

（2）钻台备齐备全防喷单根（立柱），尤其是下套铣管前，提前备好带循环头的防喷单根（立柱），放在便于起吊抢接的位置。

（3）快速组织对应的打捞工具、配合接头、震击工具等，考虑到打捞作业的不确定性，应考虑多套打捞方案，争取一次备齐需要的所有物资。

（4）配管柱，工程师丈量所有工具、转化接头、内防喷工具扣型，并标识在工具、接头本体上，工程师编制管柱连接表，确保所有工具、转换接头、内防喷工具扣型相符，管柱中必须明确内防喷工具配备要求。

（5）所有入井工具、转换接头、内防喷工具按顺序摆在钻台上，连接管柱前确保井内压力平衡、井下安全作业时间满足作业要求。

（6）下管柱前，组织召开施工前交底会，对起下管柱过程中可能发生的溢流、井漏等井控风险进行分析，制定相应的应急措施。

3. 下打捞管柱井控操作

（1）发生钻具单吊环断裂落井，如可关闭全封，则先关闭全封，无法关闭全封，则抢接防喷单根或立柱关井，同时打好钻具死卡防止钻具上顶，安排专人观察是否起套压，再组织工具进行打捞。

（2）井口连接工具、管柱未入井发生溢流，按照《塔里木油田钻井井控实施细则》空井发生溢流关井程序，实施关井。

（3）管柱已入井，发生溢流，按照《塔里木油田钻井井控实施细则》起下钻杆过程中发生溢流关井程序，实施关井。

（4）下管柱过程中如可能超过安全作业时间，必须进行分段循环，循环时间不低于一个循环周，出入口密度差不超过 $0.02g/cm^3$。

（5）下钻时控制下放速度，防止压漏地层，管柱内带浮阀的，5~10 柱一灌，并核实灌入量；每下 3~5 柱钻杆、1 柱钻铤核对一次钻井液返出量。

（6）起钻时油气层顶以上 300m 井段内起钻速度不得超过 0.3m/s。

（7）起钻连续灌浆，根据井内液面位置确定灌注的频次，灌注量以保证井底压力和井内液面距井口的距离满足井控安全要求为原则，起出落鱼可能不规则弯曲，优先准备对应防喷立柱。

4. 注意事项

（1）下套铣管等特殊工具时需提前开展防喷演练，做好倒换吊卡的准备。

（2）油气层顶以上 300m 井内作业时，值班干部、工程监督、井控专家要钻台值守，落实双盯责任。

（3）起下钻前要确认井筒压力平衡，安全作业时间足够。

第二节　泡酸（解卡剂）井控风险与防控措施

泡酸（解卡剂）一般是在发生卡钻事故后，大范围活动钻具无法解卡的情况下实施。泡酸原理是利用酸液与岩石中的石英，钙土，黏土等物质发生反应，使卡点附近堵塞物溶解或者体积缩小。一般掉块卡钻、砂桥卡钻、泥包卡钻可泡酸，如为水泥掉块，效果最好，对砾岩掉块、白云岩等岩性砂桥也有一定作用。解卡剂则是通过破坏钻具—滤饼之间的黏附力，提高界面的润滑性、破坏滤饼内部的黏滞力和滤饼结构，达到解卡的目的。由于酸液、解卡剂密度一般低于钻井液密度，存在静液柱压力不能平衡地层压力发生溢流的风险，本节结合具体风险，提出了防控措施。

一、井控风险

（1）酸液、解卡剂密度一般会低于钻井液密度，存在静液柱压力不能平衡地层压力发生溢流的风险。

（2）长时间泡酸，存在钻具刺漏、断裂的风险，进而造成循环"短路"，下部井段无法循环，油气聚集的发生溢流的风险。

（3）酸液与储层反应沟活油气层风险。

（4）注酸、解卡剂替浆期间，计量不准确，泡酸、循环排酸、排解卡剂期间出现井漏失返，在泡酸、解卡剂静止时间灌浆不及时发生溢流的风险。

二、泡酸（解卡剂）前准备

（1）酸液必须与岩屑样品、钻井液进行滴定实验，确保无稠化现象。

（2）根据现场测卡点实际情况，编制泡酸、解卡剂施工方案，方案中计算配酸量方数、缓蚀剂、清水的用量、设计施工流程。

（3）地面准备足够的井浆、重浆，以备泡酸（解卡剂）、循环排酸（解卡剂）期间出现井漏失返吊灌起钻备用。

（4）根据卡点计算解卡剂用量和所需材料，准确计算替浆量，并选择合适的施工排量。

（5）为压裂车连接供水管线、供浆管线各一条，保证管线畅通。

（6）提前连接好压裂车管线，现场变扣、接头齐全。

三、泡酸（解卡剂）井控操作

（1）注酸（解卡剂）前，井口钻具组合中应有便于可随时控制水眼的旋塞阀。

（2）注入酸液（解卡剂）、隔离液替井浆，顶替至钻具水眼预留 $2\sim5m^3$ 酸液后，静止 15~20min 顶替 $0.5\sim1m^3$，大幅度活动钻具，重复操作直至将酸液全部顶出水眼。

（3）注解卡剂及替浆期间做好液面监测，在泡解卡剂静止期间每 15~30min 向环空灌浆 1 次，确认环空液面在井口。

（4）注酸替浆期间准确计量泵入、返出量，发现溢流应立即实施关井。

（5）解卡后，转动活动钻具，节流循环排出残酸（解卡剂），排酸过程中做好有毒有害气体监测，确认排酸完后起钻检查下部钻具。

（6）循环结束后需起钻时，采用连续灌浆，起钻至安全井段或直井段 3~5 柱钻杆后，静止灌浆检查环空液面是否稳定。

（7）酸液浸泡时间最多不超过 2h，如无法解卡，应将酸液及时排出。

四、注意事项

（1）除使用盐酸以外，可根据地层岩性以及现场实际情况选择氢氟酸或者盐酸与氢氟酸的混合物。

（2）排酸过程要根据排量计算返出时间和泵压变化，以便及时发现钻具短路。

（3）在油、气、水层井段泡酸时，要保持钻井液液柱压力不变，严防溢流事件。

（4）处理卡钻事故时，要考虑解卡剂对钻井液液柱压力降低的影响，保证井内液柱压力不小于地层压力。

第三节　爆炸松扣井控风险与防控措施

在油气层中进行爆炸松扣作业时，一旦发生溢流，由于钻具水眼中存在电缆，抢接内防喷工具实施关井操作较为复杂，存在操作不便带来的井控风险。

一、井控风险

（1）由于钻具水眼中存在电缆，抢接内防喷工具实施关井操作较为复杂，存在操作不便带来的井控风险。

（2）爆炸松扣时压力释放冲击引起的液面波动的风险。

（3）卡钻发生后，井筒环空可能堵塞或碳酸盐岩目的层井漏不能充分有效循环，长时间处理过程中油气后效在井筒内堆积。

（4）爆炸松扣成功后，上部松扣钻具中可能无内防喷工具，起钻过程中存在溢流及钻具内失控风险。

二、爆炸松扣前准备

（1）检查选择好爆炸管与导爆索组装连接，确认井筒内液柱压力平衡、井下安全时间，满足爆炸松扣作业要求。

（2）准备好防喷单根或防喷立柱、内防喷工具、电缆专用 T 型卡子、循环垫及配合短节、电缆快速接头及制作工具、电缆钳等。

（3）编制爆炸松扣专项施工方案，由于电缆在钻具水眼中发生溢流的关井程序较为复杂，在爆炸松扣作业前，应该加强该工况的关井演练，作业人员熟练掌握关井程序。

三、爆炸松扣井控操作

（1）下入爆炸松扣器，严格坐岗，期间环空每 15~30min 灌浆一次。

（2）施加反扭矩，提取中和点，点火松扣，如发生溢流立即剪断电缆进行关井。

（3）起出电缆，循环 1.5 周，排除井内长时间聚集的油气，进出口密度均匀后起钻。

（4）起钻过程中密切关注液面变化和钻具水眼，发现异常立即抢接旋塞关井。

四、注意事项

（1）严格落实防喷演习和坐岗制度，确保能够及时发现溢流和迅速关井。

（2）松扣前尽量保持管内外液柱压力一致，防止松扣后发生疑似溢流事件。

（3）地面装配爆炸松扣器时，在现场设置警戒、安全作业区域，无关人员远离危险区域；井场内严禁使用明火、无线电通信设施；装配爆炸松扣器时严格遵守操作规程。

第四节　钻磨封隔器井控风险与防控措施

在油气层钻磨封隔器作业时，封隔器以下可能存在圈闭高压油气，或者作业前周边注水（或注气）井未停注和放压，钻开封隔器后存在溢流风险，必须要有风险辨识与预防措施。

一、井控风险

（1）受周边注水（或注气）井影响造成地层高压，作业前未停注和放压。

（2）封隔器以下可能存在圈闭高压油气，钻开封隔器后存在溢流风险。

（3）封隔器解封后，由于封隔器本体直径较大、工具串长及胶筒未完全收回，起钻过程中易出现拔活塞，因严重抽汲与环空灌浆困难导致溢流。

二、钻磨封隔器前准备

（1）施工前，联系业主单位，确认周边注水（或注气）井停注、泄压。

（2）所用钻井液密度要与封闭地层前钻井液性能相一致，确认井筒内液柱压力平衡，满足起甩油管、下打捞管柱条件。

（3）准备好相应的内防喷工具、防喷短节、防喷单根。

（4）倒开封隔器棘齿锁定密封（或锚定密封），具备条件循环的，循环至少一周以上，至进出口液性一致。

（5）起甩原井油管，起钻中严格按要求灌浆；5~10根油管或15min核对一次压井液灌入量，起下钻中断超过30min时，每30min应及时核对液面是否正常并记录。

（6）若井处于漏失状态，且液面不在井口，则在吊灌浆的同时进行液面监测，起下管柱时水眼和环空都应灌浆，发现液面有上涨趋势则立即实施关井。

（7）编制专项施工设计及井控应急预案，并对全员进行技术交底。

三、钻磨封隔器井控操作

（1）确认井筒内液柱压力平衡，满足钻磨封隔器条件，若井处于漏失状态，无法满足钻磨携砂要求，则先进行降密度或堵漏。

（2）根据鱼头情况，选择钻磨工具，组合钻磨管柱要加入可控制水眼的内防喷工具。

（3）钻磨管柱下到位后，开泵循环一周排除井内后效。

（4）钻穿封隔器前先充分循环，一旦钻开封隔器，钻井液工要连续坐岗观察井口和钻井液罐液面变化，密切注意作业液密度变化，发现溢流，立即启动一键报警，按照《塔里木油田钻井井控实施细则》钻进过程中发生溢流关井程序，实施关井。

（5）钻磨过程突然与封隔器下部储层连通，可能由于圈闭气发生溢流，做好随时关井准备。

（6）钻磨完成后要充分循环 1~2 个循环周，停泵观察至少 30min，井口无外溢时方可进行下步作业。

（7）若钻磨过程中发生井漏，无法满足钻磨携砂要求，则先进行降密度或堵漏，达到钻磨条件后再恢复正常作业。

（8）井漏状态下的起下钻作业，应在吊灌浆的同时进行液面监测，水眼和环空都应灌浆，掌握灌浆规律，保持液面稳定，防止漏溢流转换，发现液面有上涨趋势则立即实施关井。

四、注意事项

（1）钻磨封隔器前，根据地层压力系数及封隔器封位井深计算出密闭气体滑脱上升形成的圈闭压力导致溢流。

（2）作业过程中如果伴随井漏，要做好液面监测和吊灌工作，维持液面稳定，防止漏转溢发生。

（3）钻井液 pH 值要保持 11 以上，加入适量除硫剂钻磨时必须安装方钻杆上、下旋塞，同时注意防范封隔器下部圈闭压力。

（4）高压气井、高含硫化氢自喷井入井管柱中应在磨鞋或钻头上部接浮阀。

第六章　井控装备安装检查及故障处置

井控装备是井控安全的基础,包括井口装置、防喷器及控制系统、井控管汇、分离器、点火装置等,本章结合山前高压气井和台盆区碳酸盐岩目的层的实际,剖析了井口居中、导管和表层套管割高、表层套管头安装、井控装备巡检及复杂处置过程中的难点、要点,有助于现场作业人员掌握相关井控装备的安装、使用、管理、维护重点,也有助于其掌握井控装备故障发生后的正确处置方法和防控措施,从而确保井控装备在现场使用的安全可靠,确保井控安全。

第一节　井口居中

井口不正,将给钻井作业带来严重隐患,如造成磨坏套管头、防喷器、井口附近套管,起下钻挂碰井口,方补心入转盘困难,转盘负荷不均,钻台、井架、防喷器组震动严重等。

一、居中度要求

(1)钻机安装时,应做好井口校正,确保转盘中心线与导管中心线偏差不大于10mm。
(2)第一次开钻前,应确保天车、转盘、井口(导管)三点偏差不大于10mm并且以后各开次开钻前都应确保之。
(3)各开次到井口的套管在套管下到底后,调整并保持套管与转盘中心线同轴(调整方法见套管居中调整方法),调整固定后才能固井。
(4)各开次到井口的套管在固井后要再次检查套管居中情况,如发生偏移,要重新进行调整(调整方法见套管居中调整方法)。
(5)各开次下套管固井完装井口后,必须校正井口,确保天车、转盘、井口三点一线,偏差不能大于10mm。
(6)钻进中,随井深增加,井架负荷的变化,有可能造成井架中心的偏移,因此,要根据偏移的情况及时调整。

二、套管居中调整方法

1. 固井前
(1)表层套管和导管。
①钻前施工时,钻前施工方应垂直掩埋导管。
②安装导管时,在距圆井底250mm的导管环线均匀切割四个直径为55mm的圆孔,在圆孔上焊接内径为M45mm×3mm,外径为54mm的圆螺母,配套M45mm×3mm×300mm

的全螺纹顶丝（图6-1），顶丝应做防腐防锈措施。

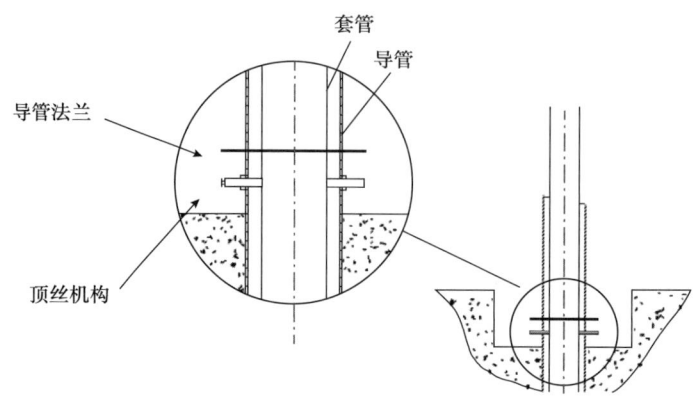

图 6-1　表层套管扶正机构示意图

③下完表层套管，保持井口段套管处于拉伸状态，顶入导管上的 M45×3 顶丝，扶正表层套管（顶入操作仅作为扶正作用，顶丝端与表层套管接触即可），调整并保持套管与转盘中心线同轴，再进行固井施工。

（2）技术套管。

①在下入最后 1 根套管前，在转盘内安装与套管规格匹配的补心（图6-2），使套管与转盘同轴。

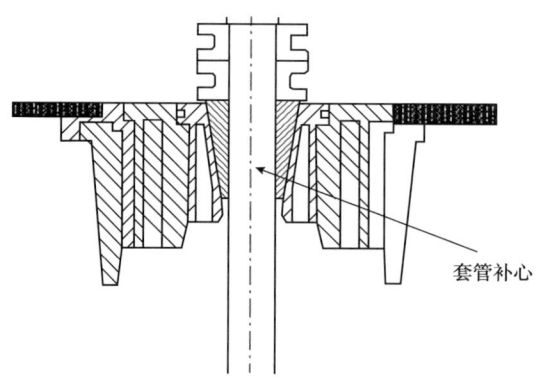

图 6-2　技术套管扶正机构示意图

②单级固井返至井口的，在井内安全的前提下，固井前可将套管头与升高短节或钻井四通之间的法兰螺栓逐个拆松涂抹润滑油，再全部恢复紧固到位（便于固井后快速拆卸）。

2. 固井后

（1）表层套管。

①通过导管上的 M45mm×3mm 顶丝，扶正表层套管（注意：顶入操作仅作为扶正作用，顶丝端与表层套管接触即可），调整并保持套管与转盘中心线同轴，再进行固井施工。

②固井后，立即清洁导管，割开导管，要求切口平整，若固井水泥浆不在井口，应向导管与套管间环空回填水泥浆至导管面（如井漏，可在固井水泥浆凝固后再回填），然后

用环形铁板将套管围住,并将环形铁板校正水平与导管焊接固定,保证井口套管在候凝过程中不发生偏移,确认水泥浆凝固后才能放松套管。

(2)技术套管。

①拆卸套管头上法兰与升高短节或法兰之间的连接螺栓,整体上提套管头以上井口防喷器组 0.6m 以上,整体防喷器组下部为栽丝螺栓的,应拆除栽丝。

②上提井口防喷器组后,使用专用支撑居中工具(图 6-3),按 120° 均匀垂直放置在套管头上法兰螺孔内,保持井口防喷器组与下部套管头基本同轴,缓慢下对应螺孔放置于支撑居中工具上。

③操作支撑居中工具顶丝将套管顶至与套管头通径同轴度误差小于 1mm。

图 6-3 技术套管扶正机构示意图

④安装完成后,测量套管外径前后左右与腔体居中度误差小于 1mm,卡瓦总成壳体前后左右上平面距离上法兰面高度差小于 1mm,卡瓦牙应分布均匀,高差水平一致。

三、井口居中调整方法

安装完井口后校正前,用游车提出一柱或一根钻铤放置于转盘内,可下入井口 2~3m,根据井口偏移方位进行调整,方法如下。

调整井架倾角,根据井口偏移方位,调整井架大腿垫铁厚度以校正井口;调整转盘位置校正井口;部分井架可用调整井架人字架支撑以调整井架倾角,达到校正井口的目的;部分钻机可用调整天车位置实现井口校正;如果仅为井口与转盘中心偏移,而且偏移量也较小,可用调节防喷器组四角绷绳的方法进行调整。

第二节　导管、表层套管割高

导管、表层套管的切割高度,应满足各次开钻钻井四通和采(油)气四通连接的内防喷管线能平直接出井架底座以外的要求,最后一级套管头的上法兰面高于井架基础面 100~300mm。

一、确定井口组合

根据《钻井工程设计》,结合送井井控装备,确认钻井各开次和完井时钻井四通和采(油)气四通及以下井口组合形式。

二、准确测量尺寸

（1）钻井四通和完井采（油）气四通测量旁通口中心线距下法兰的高度。

（2）表层套管头（图6-4）测量总高度 A（一定要确认两个托盘完全贴合到一起才能测量，测量后把需要上顶的尺寸加上（按不小于4cm上顶计算）；测量表层套管切口贴合的内台阶距上法兰面的高度 B。

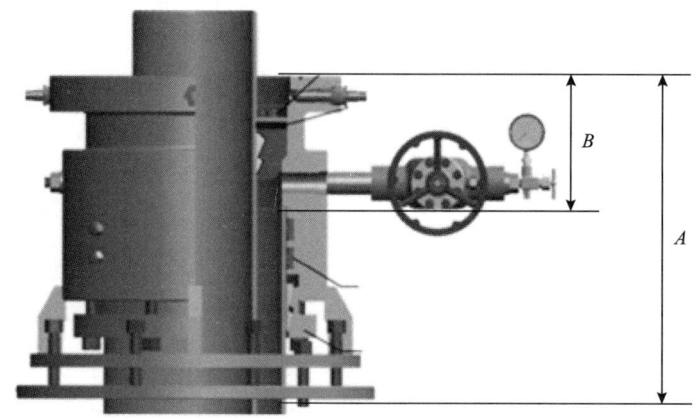

图 6-4　表层套管头测量示意图

（3）测量套管头四通、转换法兰和升高短节时应考虑法兰凸台，最好从主通径测量。

三、导管、套管割高计算方法

计算公式：

$$HG=H+H_0-D \qquad (6-1)$$

式中　HG——导管理论割高，m；

　　　H——套管头总高度，m；

　　　H_0——套管头托盘高度＋环形铁板高度，m；

　　　D——最后一层套管头安装后上法兰面高出基础面的高度，m；当采用双钻井四通时，应将下钻井四通视为套管四通处理，一般为100~300mm。

校核导管割口高度：导管割口高度确定后，必须精准计算每开次套管头、油管头、占位短节、转换法兰组合安装高度，校核钻井四通旁通口中心线的高度，应满足每开次内防喷管线都能平直接出钻机底座。如果不能满足上述条件，则要调整尺寸 D，直至满足要求（图6-5）。

四、表层套管切割面距井架基础面高度计算方法

计算公式：

$$HT=H-D-E \qquad (6-2)$$

式中　HT——为套管切割面距井架基础面的距离，m；

　　　H——套管头总高度＋环形铁板高度，m；

D——计算后最后一级套管头上法兰端面高出井架基础面高度（当使用双钻井四通时，应将下四通当作套管四通处理），m；

E——表层套管头内下部套管插入台阶面深度 50mm。

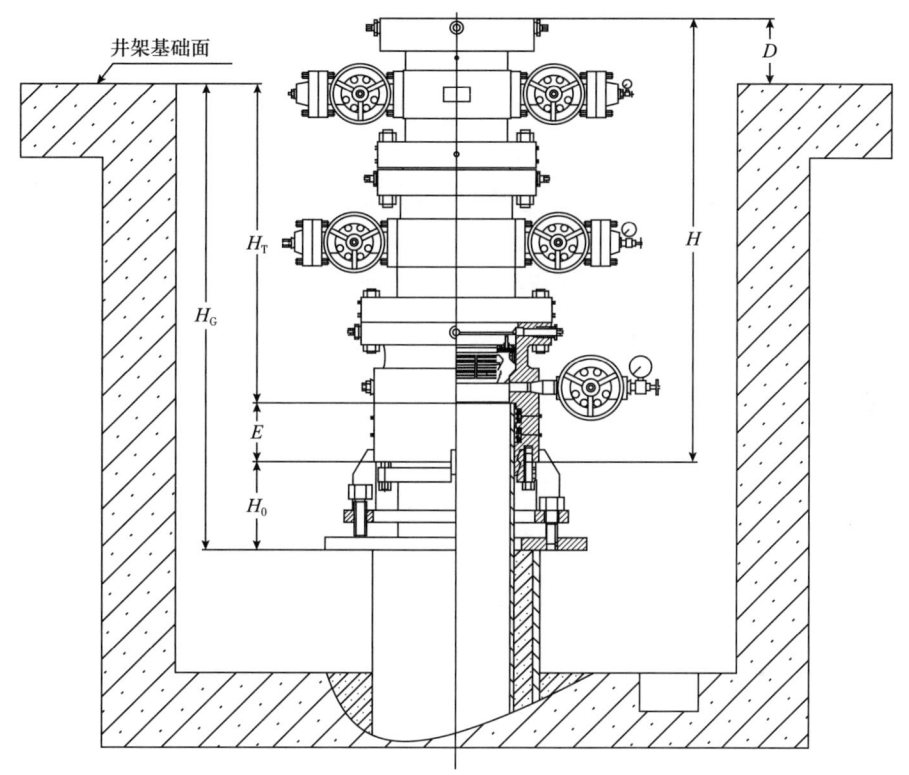

图 6-5　导管、套管切割高度示意图

五、切割流程及确认

（1）钻井监督应同钻井工程师、应急中心井控服务人员一同测量各设备的高度，计算并确定导管和表层套管的割高。

（2）钻井监督应同钻井工程师在确认水泥浆已凝固并有一定强度，确保导管和表层套管不下沉后方可切割导管、套管或卸掉联顶节。

（3）切割时首先切割导管，割断导管后将上部导管上提并固定在转盘大梁上，再精割导管，切割导管时要防止割坏表层套管。

（4）完成导管精割后再切割表层套管，并将已割断导管和表层套管吊出，再精割表层套管，测量水平，打磨坡口。

第三节　表层套管头安装要求

表层套管头安装时，表层套管切割面应与套管内台阶面贴合，并校正套管头水平度及套管头旁通口朝向，确保安装平正；卡瓦式表层套管头安装后，应对套管头上提 200kN

进行试验，校验卡瓦是否卡牢。

一、井口居中保证

（1）安装导管时，在距圆井底 250mm 的导管环线均匀切割四个直径为 55mm 的圆孔，在圆孔上焊接 M45mm×3mm，外径为 54mm 的圆螺母，配套 M45mm×3mm×300mm 的全螺纹顶丝，顶丝应做防腐防锈措施。

（2）下完表层套管，保持井口段套管处于拉伸状态，顶入导管上的 M45mm×3mm 顶丝，扶正表层套管，调整并保持套管与转盘中心线同轴，再进行固井施工。

（3）若固井水泥浆不在井口，应向导管与表层套管间环空回填水泥浆至导管面；如井漏，可在固井水泥浆凝固后再回填；用环形铁板将表层套管限位，防止井口套管在候凝过程发生偏移，水泥浆凝固后才能放松表层套管。

二、套管头安装平正要求

（1）割表层套管并对切口进行平整打磨，表层套管内注清水和水平尺检查切口打磨水平度，表层套管端口水平误差应不大于 1mm。

（2）安装表层套管头时，套管头内直角台阶需与表层套管端口面完全贴合。

（3）转动校正表层套管头，使表层套管头旁通平板阀中心线与井架底座方孔中心线平行。

（4）检查调整支架底座与托盘拉紧螺栓，使套管头下部托盘平面接触环形铁板并焊接固定，紧固拉紧螺栓，检查套管头内直角台阶与套管端口面应圆周贴合，无缝隙。

（5）使用水平仪结合向钢圈槽内注水方式，再次检查确认套管头上法兰面水平度，确保套管头上法兰面水平度误差不大于 1mm。

第四节　井控装备巡检路线及要求

一、巡检路线

（1）远程控制台 → 管排架 → 高压耐火软管 → 防提断装置主控盒 → 气源分配罐。

（2）压井管汇 → 压井侧放喷管线 → 井口防喷器组 → 井口四通 → 套管头。

（3）节流管汇 → 分离器 → 分离器排气管线 → 节流管汇侧放喷管线 → 点火装置。

（4）节控箱 → 内防喷工具 → 司控台 → 防提断装置按钮盒。

二、远程控制台巡检要点

（1）各油路、气路连接正常，无泄漏。

（2）储能器压力表、管汇压力表、环形压力表连接无渗漏、表面硅油高度不小于 1/3，与司控台压力误差不大于 1MPa。

（3）三缸柱塞泵曲轴箱油量处于上下限标识之间、链条箱油量能满足链条润滑、柱塞泵运转时，柱塞油滴润滑量 3~5 滴 /min（北石 640-6R 型远程台不需滴油润滑）。气动泵工作平稳无异常、无泄漏，截止阀处于开启状态。

（4）油雾杯无泄漏，油量为 1/2~2/3 杯，润滑油量 5~8 滴 /min、分水滤气器无泄漏、无积液、杂质，手动排污正常。

（5）储能器钢瓶上下部位连接密封应无泄漏。

（6）远程控制台冬季电热板工作正常，气控液远程控制台气管束用隔热材料隔离后缠绕电热带，再包裹隔热材料保温（防止烫损）。

（7）备用出口活接头管线用金属堵头封堵、无泄漏。

三、管排架巡检要点

（1）活接头密封部位、螺纹连接部位无渗漏。

（2）备用活接头管线采用中间连接（配带专用金属堵头的除外），两端使用专用堵头封堵防沙处理。

（3）气管束、电缆线、中压胶管沿管排架专用挂钩规范固，现场目视化管理。

（4）管排架上不得堆放杂物、不得碾压、不得作为电焊接地线或在其上进行焊割作业。

四、高压耐火软管巡检要点

（1）本体无渗漏、保护外壳无破损、变形、脱落；各连接部位无渗漏。

（2）与防喷器连接端使用直角弯头，有防脱措施，防止管线脱落伤人。

（3）过棱角处应做有效衬垫防护，防止管线胶皮磨损。

（4）从井架底座预留孔中穿越，逐一排放整齐，禁止通行、踩踏。现场目视化管理、防止压力油刺出伤人。

五、防提断装置巡检要点

（1）各气路连接正常无泄漏。

（2）冬季气源管线、防提装置梭阀用隔热材料隔离后缠绕电热带，再包裹隔热材料保温（防止烫损），未做保温会导致管线内残留水气冻堵。

（3）按钮盒功能齐全完好、无泄漏、按钮灵活无卡滞；泄漏可能导致防提断装置失效。

六、气源分配罐巡检要点

（1）罐体、快速接头部位完整无变形，无泄漏；备用快速接头保养、包裹防护措施有效。

（2）夏季未安装电磁排污时手动排污阀开关灵活，接头无渗漏，冬季安装电磁排污阀，电磁排污阀完好有效。

（3）各连接气源管线、无老化、龟裂、走向整齐，无交叉。

（4）冬季罐体管线外观缠绕电热带或蒸汽管线包裹隔热材料保温。

七、压井管汇巡检要点

（1）阀门开关状态应符合工况要求并挂牌标识，挂牌符合油田《Q/SY TZ 0410 钻井井场布置标准》中图 B-31，现场目视化管理。

（2）外围法兰 1502 活接头短节螺纹清洁有防沙措施。

（3）耐震压力表顶部排气应旋松丝堵 1.5 圈或剪掉橡胶塞顶部胶钉，压力表显示无误差。

（4）阀门手轮、手轮销、紧固螺钉、黄油嘴、轴承套、注脂接头等部件完好，紧固无松动，平板阀开关灵活有效。

（5）每班开关状态检查，每周全开全关活动一次，每月定期对轴承注油嘴加注黄油一次，平板阀开关灵活有效。

（6）冬季采用管路、平板阀外缠绕电热带或蒸汽管线包裹毛毡保温，外表温度不低于 5℃。

八、放喷管线巡检要点

（1）各连接处无松动、泄漏，两端余扣突出螺母 1 扣以上且余扣基本一致，有防锈措施。

（2）管线无锈蚀和明显的人为损坏、无沙土掩埋。

（3）管线上不能有重物，必须过车通行处应有专用过桥板，保证过车时盖板不与管线直接接触；管线畅通、无积液。

九、井口防喷器组巡检要点

（1）挂牌：清晰标明对象、内装闸板封心尺寸；挂牌符合油田《Q/SY TZ 0410 钻井井场布置标准》附录 C-21；现场目视化管理。

（2）控制油路高压耐火软管外观完好无破损，连接密封部位无渗漏。

（3）锁紧杆、显示杆钻井液污染防护措施有效，显示杆位置与防喷器实际开关状态一致；现场目视化管理，确认防喷器是否关闭或打开。

（4）液缸密封、油路、锁紧装置液缸密封可靠、无窜漏。

（5）冬季采用电热带或蒸汽管线包裹毛毡保温，外表温度不低于 5℃。

十、井口四通巡检要点

（1）一体化四通顶丝锁紧压帽锁紧到位，有防磨套时顶丝上紧到位，无防磨套时顶丝卸松到位，外观无渗漏。

（2）手动平板阀阀门手轮、手轮销、紧定螺钉、黄油嘴、轴承套、注脂接头等部件完好，紧固无松动，每班作开关状态检查，每周全开全关活动一次，每月定期对轴承注油嘴加注黄油一次。

（3）液动平板阀液缸无窜漏，控制油路高压耐火软管外观完好无破损，连接密封部位无渗漏。

（4）内控管线连接法兰外观无渗漏。

（5）冬季采用管路、平板阀外缠绕电热带或蒸汽管线包裹毛毡保温，外表温度不低于 5℃，不影响正常观察和显示。

十一、套管头巡检要点

（1）上法兰水平无明显倾斜、两侧出口垂直，各连接及密封部位无泄漏。

（2）阀门手轮、手轮销、紧定螺钉、黄油嘴、轴承套、注脂接头等部件完好，紧固无松动。

（3）下入套管后或套管回接到井口的，带压力表一侧的套管头四通旁通平板阀应处于打开状态，另一侧平板阀处关位，并分别挂牌标识。

（4）每月对井口所有套管头旁通手动平板阀开关活动检查；使用密度不小于 $1.40g/cm^3$ 钻井液的，每月检查、清洁未悬挂套管的套管头四通旁通通道，记录完整有效。

（5）顶丝锁紧压帽锁紧到位，有防磨套时顶丝上紧到位，无防磨套时顶丝卸松到位，外观无渗漏。已完成套管卡瓦悬挂器安装的顶丝、压帽须上紧到位。

十二、节流管汇巡检要点

（1）阀门开关状态应符合工况要求并挂牌标识，挂牌符合油田《Q/SY TZ 0410 钻井井场布置标准》中图 B-31，现场目视化。

（2）外围法兰 1502 活接头短节螺纹清洁有防沙措施。

（3）耐震压力表顶部排气应旋松丝堵 1.5 圈或剪掉橡胶塞顶部胶钉。

（4）手动平板阀阀门手轮、手轮销、紧定螺钉、黄油嘴、轴承套、注脂接头等部件完好，紧固无松动。

（5）每班作开关状态检查，每周全开全关活动一次，每月定期对轴承注油嘴加注黄油一次。

（6）液动节流阀液缸无渗漏。

（7）标准液压/钻井液隔离法兰，各接头密封无渗漏。

（8）冬季采用管路、平板阀外缠绕电热带或蒸汽管线包裹毛毡保温，外表温度不低于 5℃。

十三、分离器巡检要点

（1）燃烧筒绷绳使用 3 根 5/8in 钢丝绳 + 三绳卡 + 花兰螺栓或 3 根 5/8in 标准成形钢丝绳套 + 花兰螺栓（绳套挂钩处加心形垫片），三角均匀方向紧固。

（2）燃烧筒下部与防回火装置间应安装排污阀，开关灵活，处常关位，冬季要防止冻、堵。

十四、点火装置巡检要点

（1）电、气、油管线连接及阀件密封无泄漏。

（2）电、气、油管线支撑架、防护隔热罩完整，无变形，点火装置损坏。

（3）控制柜油箱、燃烧筒油箱油量不低于液位计 1/2 位置。

（4）控制箱内气源出口持续气压不小于 0.5MPa。

（5）冬季气温低于 0℃ 时，分别开启组合控制柜和分离器立式燃烧筒电加热器。气管线用隔热材料隔离后缠绕电热带，再包裹隔热材料保温，防止供气管线结冰冻堵，外表温度不低于 5℃。

十五、节控箱巡检要点

（1）连接管线及阀件无泄漏；节控箱正常开关节流阀。

（2）液压式立压传感器座配套完整，安装规范，密封部位无渗漏。

（3）套压、阀位信号线表面无破损、绝缘包扎、符合防爆要求，走向规整，捆扎固定牢靠。

(4)数字显示完整正常。

(5)待命状态：液压油面高于标尺下限，使用10#航空液压油，油质无污染。

(6)电机转向正确；运行平稳、无异响。

(7)冬季采用防爆电暖器或蒸汽暖片箱内保温。

十六、内放喷工具巡检要点

(1)钻台备用旋塞应处常开，专用扳手完好无变形，放置在便取位置。

(2)钻台备用工具有抢接提环。

(3)旋塞旋钮无变形，开关灵活，箭形阀芯弹性复位无阻卡。

(4)螺纹通径内清洁，无残留钻井液、锈迹、沙土、螺纹、密封球（芯）、旋钮部位润滑有效，密封台阶面无损伤、无油漆等杂质。

十七、司控台巡检要点

(1)与远控台一次仪表压力显示数值误差小于1MPa。

(2)气源总阀开关灵活无阻卡无泄漏。

(3)分水滤气器工作正常，杯体清洁、无泄漏、无积液。

(4)油雾杯杯体清洁、无泄漏，油量为1/2~2/3杯，运转时润滑油量3~5滴/min。

第五节　常用井控装备操作要点

井控装备的可靠性，除了本身的性能外，正确的操作也是关键。在超深井钻探过程中，远程控制台、司钻控制台、节流阀等是经常需要操作的井控装备。本节对现场常用的井控装备关键井控操作要点进行了梳理，用以帮助预防和减少井控装备操作失误。

一、远控台操作

1. 电动泵上下限压力控制的调节

(1)广石远控台电子压力控制器的调节方法（YKD-II型）(图6-6)。

图6-6　广石远控台电子压力控制器（YKD-II型）

①在压力控制器通电状态下,将选择开关 SET 向上置于 ON 位(图 6-7)。

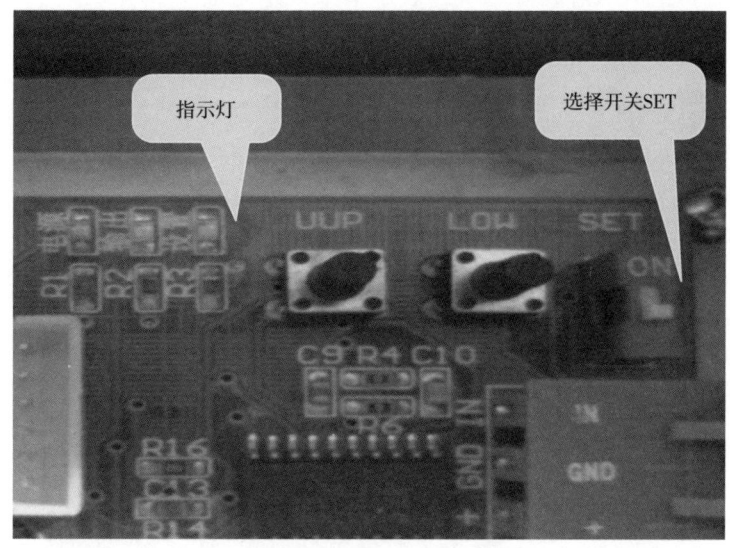

图 6-7 选择开关

②将电动泵主令开关置于停止位置。

③如果储能器压力大于 18.5MPa,就打开管汇泄压阀,将储能器压力泄至 18.5MPa,较高的启动压力会造成电动泵启动负载大,可能会烧坏电气元件。

④设置上限:将电动泵主令开关置于手动模式把储能器压力升至 21MPa,将电动泵主令开关置于停止位置,停止电动泵。当压力高于 21MPa 时,打开管汇泄压阀,将储能器压力泄至 21MPa,按下上限设定按钮 UUP,指示灯闪烁三次,表示上限设定完成(图 6-8)。

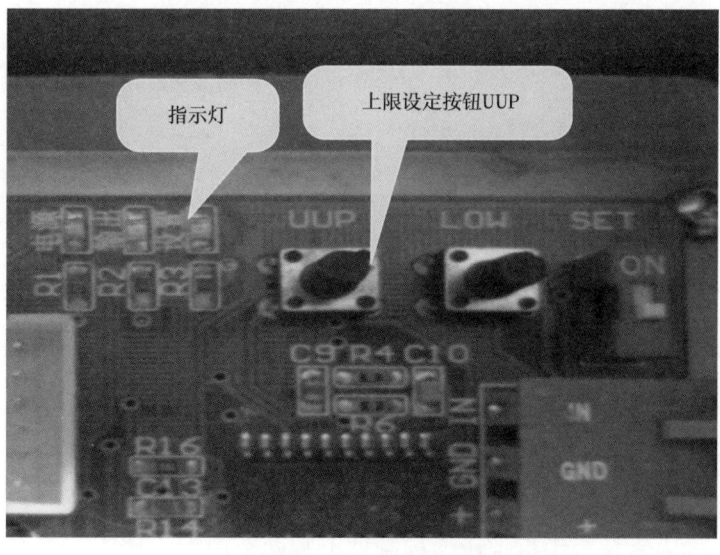

图 6-8 设置上限

⑤设置下限:打开管汇泄压阀,缓慢把储能器压力降至18.5MPa,关闭泄压阀。按下下限设定按钮LOW,指示灯闪烁三次,表示下限设定完成(图6-9)。

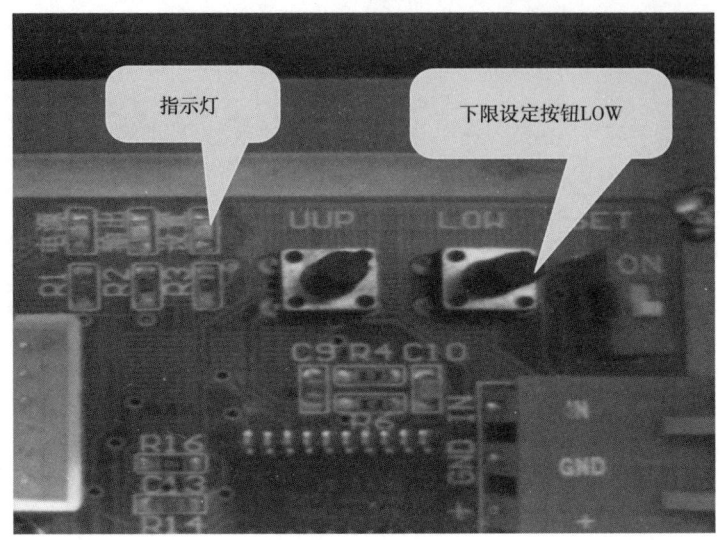

图6-9 设置下限

⑥将选择开关SET向下置于1位(复位)。至此,全部设定完成(图6-10)。

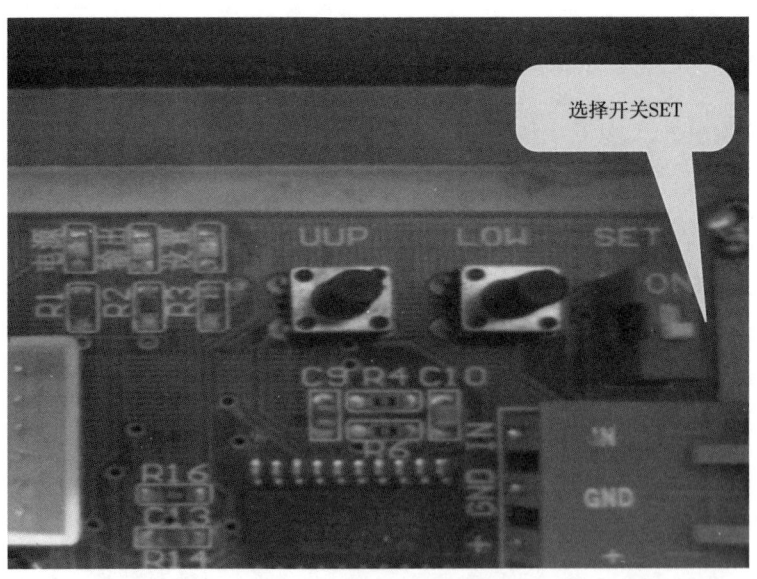

图6-10 开关复位

⑦将电动泵主令开关置于自动位置,确认电动泵启动压力18.5MPa、停止压力21MPa。

(2)广石远控台机械式压力控制器(YKX-00型)。

①用10mm的内六角扳手拆掉压力控制器上端两个内六方堵头,再将10mm的内六角从调节孔插入到调节螺栓内六角孔内(图6-11)。

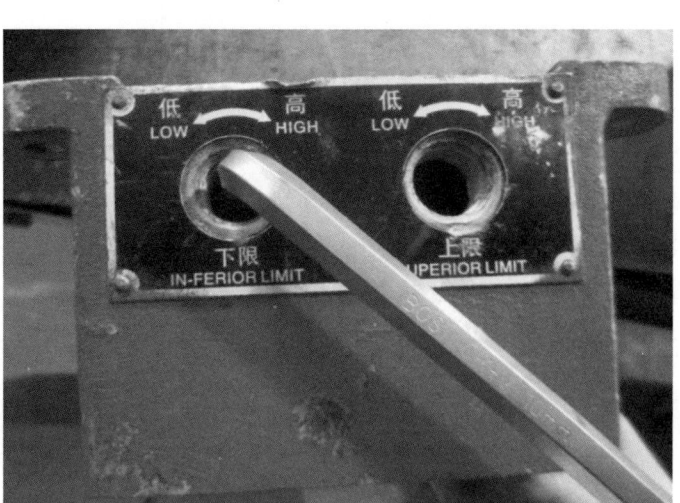

图 6-11　广石远控台机械式压力控制器（YKX-00 型）

②按标牌指示方向进行调节。面对压力控制器铭牌，左侧调节下限压力，顺旋调大，逆旋调小，右侧调节上限压力，顺旋调大，逆旋调小。调节时不能一次旋转过大，应微调（图 6-12）。

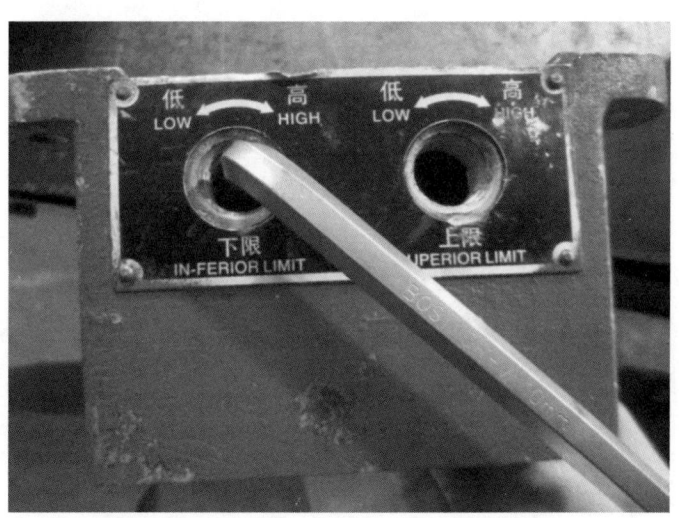

图 6-12　调节上下限压力

③调节上限 21MPa。

a. 将电动泵主令开关置于自动位置，储能器打压至 21MPa 停泵。

b. 当电动泵高于 21MPa 停泵时，使用 10mm 内六方扳手调节上限，逆时针轻微旋转，旋转同时观察触点，直到断开。

c. 当电动泵低于 21MPa 停泵时，使用 10mm 内六方扳手调节下限，顺时针轻微旋转，旋转同时观察触点，直到断开。

④调节下限 18.5MPa。

a. 打开管汇泄压阀，缓慢把储能器压力降至 18.5MPa，电动泵启动，关闭泄压阀。

b. 当电动泵启动高于 18.5MPa 时，使用 10mm 内六方扳手调节下限，逆时针轻微旋转，旋转同时观察触点，直到断开。

c. 当电动泵启动低于 18.5MPa 时，使用 10mm 内六方扳手调节下限，顺时针轻微旋转，旋转同时观察触点，直到断开。

⑤将电动泵主令开关置于自动位置，确认电动泵启动压力 18.5MPa、停止压力 21MPa。

（3）北石远控台机械式压力控制器（YTK-01-B 型）（图 6-13）。

①将电动泵主令开关置于停止位置。

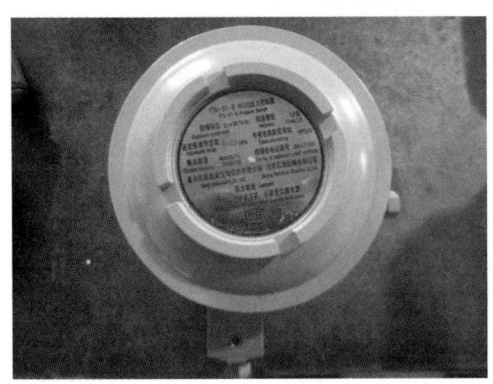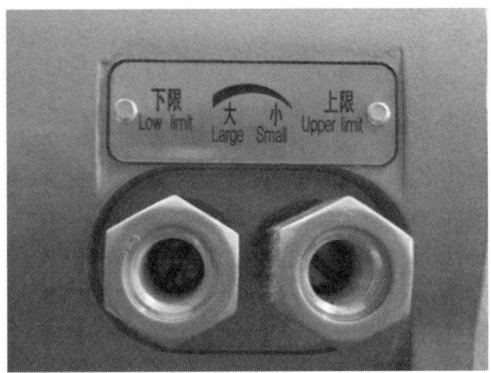

图 6-13　北石远控台机械式压力控制器（YTK-01-B 型）

②根据电动泵启动（下限）和停止（上限）压力来调节压力控制器的下限和上限。

③拆掉压力控制器右侧两个六方堵头，将平口起子从调节孔插入到调节螺栓一字槽内。

④按标牌指示方向进行调节。面对调节孔，左侧调节下限压力，顺旋调小，逆旋调大，右侧调节上限压力，顺旋调小，逆旋调大。调节时不能一次旋转过大，应微调（图 6-14）。

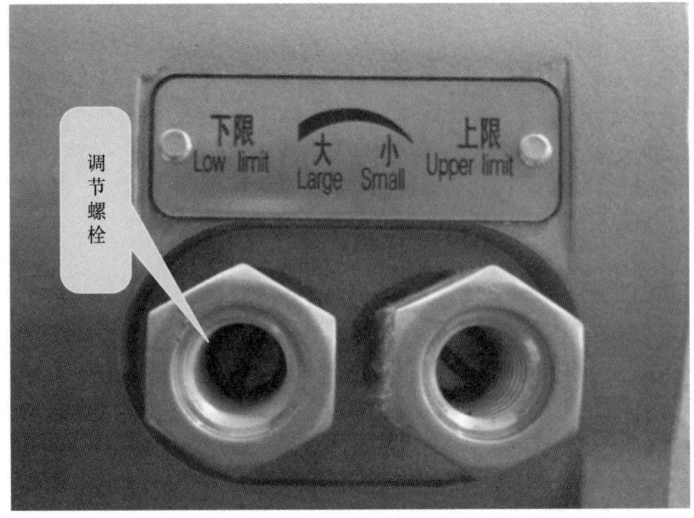

图 6-14　调节方向

⑤调节上限 21MPa。

a. 将电动泵主令开关置于自动位置,储能器打压至 21MPa 停泵。

b. 当电动泵高于 21MPa 停泵时,使用一字改锥调节上限,顺时针轻微旋转,旋转同时观察触点,直到断开。

c. 当电动泵低于 21MPa 停泵时,使用一字改锥调节下限,逆时针轻微旋转,旋转同时观察触点,直到断开。

⑥调节下限 18.5MPa。

a. 打开管汇泄压阀,缓慢把储能器压力降至 18.5MPa,电动泵启动,关闭泄压阀。

b. 当电动泵启动高于 18.5MPa 时,使用一字改锥调节下限,顺时针轻微旋转,旋转同时观察触点,直到断开。

c. 当电动泵启动低于 18.5MPa 时,使用一字改锥调节下限,逆时针轻微旋转,旋转同时观察触点,直到断开。

⑦将电动泵主令开关置于自动位置,确认电动泵启动压力 18.5MPa、停止压力 21MPa。

2. 手动、手气动减压调压阀的调节

(1)广石、北石管汇手动减压调压阀输出压力调节。

①松开调节丝杆锁紧手柄(图 6-15)。

图 6-15　松开调节丝杆锁紧手柄

②顺时针缓慢旋转手轮,输出压力升高。逆时针缓慢旋转手轮,输出压力降低,调节时应缓慢旋转手轮,旋转手轮后应在远控台活动处于开位的三位四通换向阀手柄,活动方式:轻微快速活动—中位—中位与开位之间—中位。观察输出压力是否符合标准(管汇 10.5MPa±0.7MPa,环形 8.5~10.5MPa)。

③调节完成后紧固丝杆锁紧手柄。

(2)广石手气动减压调压阀输出压力调节(在司钻台调节)。

①先在远控台将环形控制油压用手动调节至 4~5MPa,防止气源断开后,环形无控制油压。

②在司钻台上气动调节输出压力时，将远控台气旋钮旋转至箭头指向司钻台（图6-16）。

图6-16　远控台气旋钮

③逆时针旋转松开司钻台上的空气调压阀手轮锁紧螺母。

④顺时针缓慢旋转司钻台上的空气调压阀手轮，输出压力升高；逆时针缓慢旋转司钻台上的空气调压阀手轮，输出压力降低。调节时应缓慢旋转手轮，旋转手轮后应在远控台活动环形三位四通换向阀手柄，活动方式：轻微快速活动中位—中位与开位之间—中位。如果只关闭了环形防喷器，需要调节环形控制油压，活动方式：轻微快速活动关位—中位与关位之间—关位。观察输出压力是否符合标准（待命工况8.5~10.5MPa，特殊工况时以实际需要的环形控制油压为准）；调节完成后顺时针旋转锁紧空气调压阀手轮锁紧螺母（图6-17）。

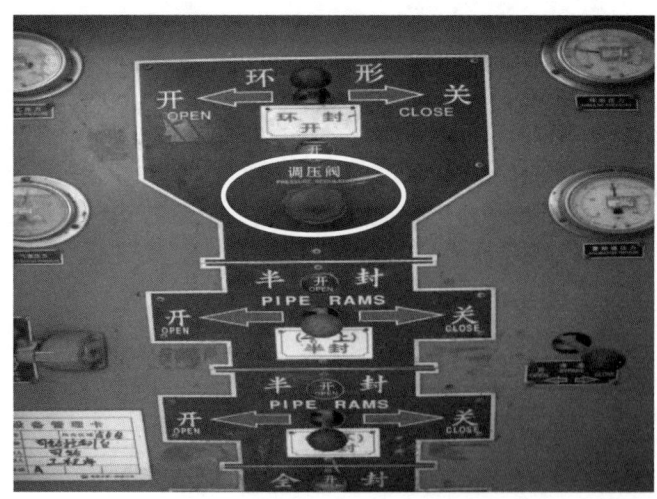

图6-17　司控台空气调压阀

（3）广石手气动减压调压阀输出压力调节（在远控台调节）。

①先在远控台将环形控制油压用手动调节至4~5MPa，防止气源断开后，环形无控制

油压。

②再将远控台气旋钮旋转至箭头指向远控台。

③逆时针旋转松开远控台上的空气调压阀手轮锁紧螺母。

④顺时针缓慢旋转远控台上的空气调压阀手轮，输出压力升高；逆时针缓慢旋转远程台上的空气调压阀手轮，输出压力降低。调节时应缓慢旋转手轮，旋转手轮后应在远控台活动环形三位四通换向阀手柄，活动方式：轻微快速活动中位—中位与开位之间—中位。如果只关闭了环形防喷器，需要调节环形控制油压，活动方式：轻微快速活动关位—中位与关位之间—关位。观察输出压力是否符合标准（待命工况 8.5~10.5MPa，特殊工况时以实际需要的环形控制油压为准）；调节完成后顺时针旋转锁紧空气调压阀手轮锁紧螺母（图 6-18）。

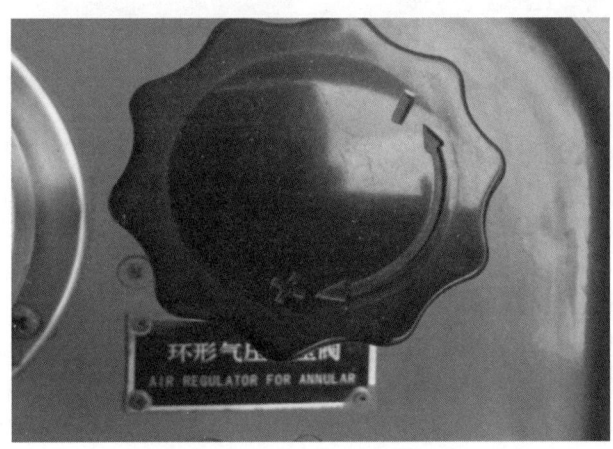

图 6-18　远控台气压调压阀

（4）广石气马达减压调压阀输出压力调节（电气控远控台使用）。

①手动调节输出压力时，调试方法和手动减压调压阀一致。

②注意：在电气控远控台、司钻台上气动调节输出压力时，先确认丝杆锁紧手柄处于锁紧状态。气动调节时如果手轮旋转则无法用气动方式调节输出压力（图 6-19）。

图 6-19　广石气马达减压调压阀

③电气控司钻台气动调节输出压力：在司钻台上按压环形压力"升"按钮，输出压力升高，按压环形压力"降"按钮，输出压力降低；按压后应在远控台活动环形三位四通换向阀手柄，活动方式：轻微快速活动中位—中位与开位之间—中位，如果只关闭了环形防喷器，需要调节环形控制油压，活动方式：轻微快速活动关位—中位与关位之间—关位。观察输出压力是否符合标准（待命工况 8.5~10.5MPa，特殊工况时以实际需要的环形控制油压为准）（图 6-20）。

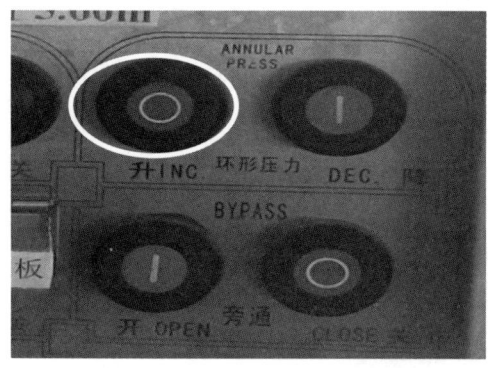 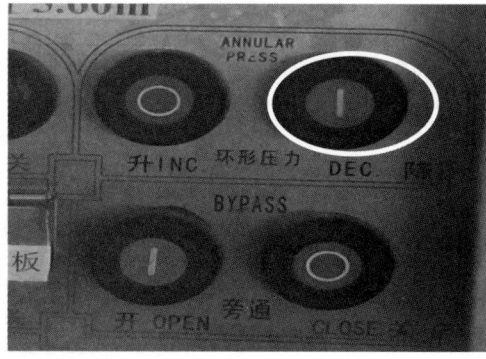

图 6-20　电气控司钻台气动调节按钮

④在电气控远控台气动调节输出压力：在远控台电控箱上按压环形压力"升"按钮，输出压力升高，电控箱上按压环形压力"降"按钮，输出压力降低，按压后应在远控台活动环形三位四通换向阀手柄，活动方式：轻微快速活动中位—中位与开位之间—中位。如果只关闭了环形防喷器，需要调节环形控制油压，活动方式：轻微快速活动关位—中位与关位之间—关位。观察输出压力是否符合标准（待命工况 8.5~10.5MPa，特殊工况时以实际需要的环形控制油压为准）（图 6-21）。

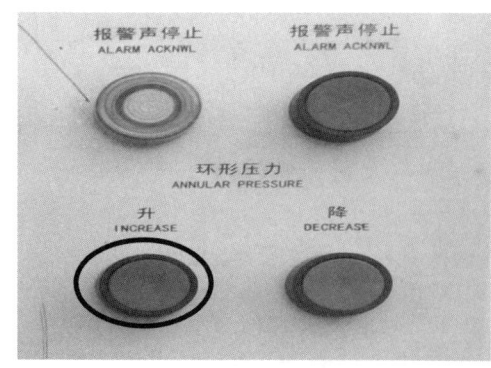 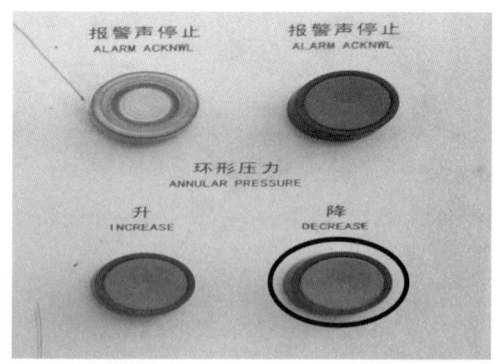

图 6-21　电气控远控台气动调节按钮

（5）北石手气动减压调压阀输出压力调节。

①需要手动调节输出压力时，调试方法和手动减压调压阀一致。

②注意：北石手气动减压调压阀需要气动调节输出压力时，必须先用手动调节输出压力后，才能进行气动调节。气动调节输出压力最小值为零，最大值为手动调节的输出压力值。

③在司钻台上气动调节输出压力：先将远控台气旋钮旋转至小孔对准司钻台（图 6-22）。

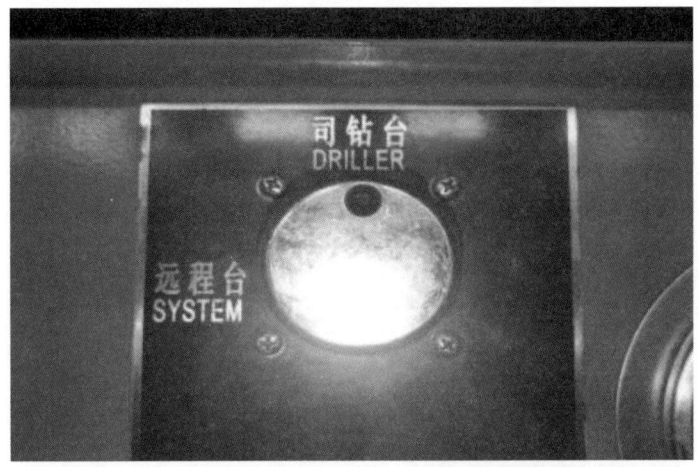

图 6-22　北石手气动减压调压阀

④逆时针旋转松开司钻台上的空气调压阀手轮锁紧螺母（图 6-23）。

图 6-23　司钻台调压阀按钮

⑤顺时针缓慢旋转司钻台上的空气调压阀手轮，输出压力降低；逆时针缓慢旋转司钻台上的空气调压阀手轮，输出压力升高，调节时应缓慢旋转手轮，旋转手轮后应在远控台活动环形三位四通换向阀手柄，活动方式：轻微快速活动中位—中位与开位之间—中位。如果只关闭了环形防喷器，需要调节环形控制油压，活动方式：轻微快速活动关位—中位与关位之间—关位。观察输出压力是否符合标准（待命工况 8.5~10.5MPa，特殊工况时以实际需要的环形控制油压为准），调节完成后顺时针旋转锁紧空气调压阀手轮锁紧螺母。

⑥在远控台上气动调节输出压力：先将远控台气旋钮旋转至小孔对准远控台。

⑦逆时针旋转松开远控台上的空气调压阀手轮锁紧螺母。

⑧顺时针缓慢旋转远控台上的空气调压阀手轮，输出压力降低；逆时针缓慢旋转远控台上的空气调压阀手轮，输出压力升高，调节时应缓慢旋转手轮，旋转手轮后应在远控台活动环形三位四通换向阀手柄，活动方式：轻微快速活动中位—中位与开位之间—中位。如果只关闭了环形防喷器，需要调节环形控制油压，活动方式：轻微快速活动关位—中位与关位之间—关位。观察输出压力是否符合标准（待命工况 8.5~10.5MPa，特殊工况时以实际需要的环形控制油压为准）；调节完成后顺时针旋转锁紧空气调压阀手轮锁紧螺母。

（6）北石气马达减压调压阀输出压力调节（电气控远控台使用）。

①手动调节输出压力时，调试方法和手动减压调压阀一致。

②注意：在电气控远控台、司钻台上气动调节输出压力时，先确认丝杆锁紧手柄处于锁紧状态。气动调节时如果手轮旋转则无法用气动方式调节输出压力（图 6-24）。

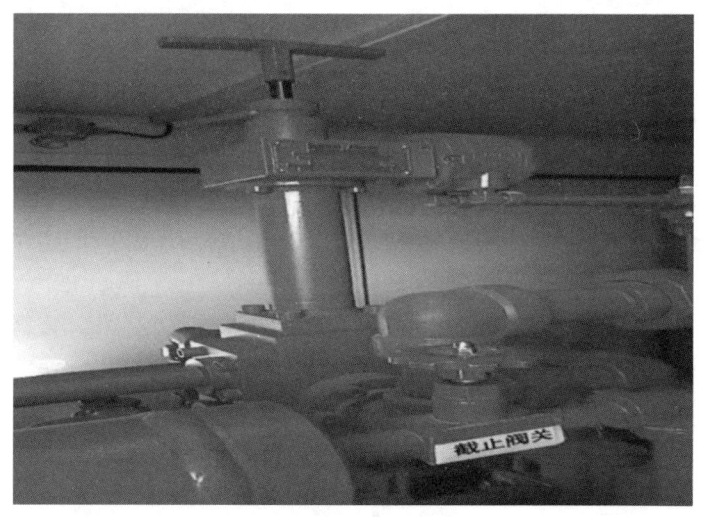

图 6-24　北石气马达减压调压阀输出压力调节

③电气控司钻台气动调节输出压力：在司钻台上向右旋转环形压力"+"旋钮，输出压力升高，旋转环形压力"-"旋钮，输出压力降低；旋转后应在远控台活动环形三位四通换向阀手柄，活动方式：轻微快速活动中位—中位与开位之间—中位。如果只关闭了环形防喷器，需要调节环形控制油压，活动方式：轻微快速活动关位—中位与关位之间—关位。观察输出压力是否符合标准（待命工况 8.5~10.5MPa，特殊工况时以实际需要的环形控制油压为准）。

④在电气控远控台气动调节输出压力：在远控台电控箱上按压环形压力"升"按钮，输出压力升高，电控箱上按压环形压力"降"按钮，输出压力降低，按压后应在远控台活动环形三位四通换向阀手柄，活动方式：轻微快速活动中位—中位与开位之间—中位。如果只关闭了环形防喷器，需要调节环形控制油压，活动方式：轻微快速活动关位—中位与关位之间—关位。观察输出压力是否符合标准（待命工况 8.5~10.5MPa，特殊工况时以实际需要的环形控制油压为准）。

3. 油雾器加油、出口油量调节

（1）油雾器加油。

①关闭远控台气源总阀，打开气水分离器下部排气阀排除余气，在远控台气源总阀处上锁挂签，进行能量隔离。

②打开杯体外壳卡扣，旋转外壳并取下。

③取下油雾杯添加清洁的 10# 航空液压油，油量高度应在 1/2~2/3 杯，不能超过油量上限。

④检查杯体密封圈完好，将密封圈安装到位。

⑤安装杯体，杯体要安装平正。

⑥打开杯体外壳卡扣，旋转外壳到位并锁紧卡扣。

⑦打开远控台气源总阀，检查密封部位无渗漏。

（2）出油量调节。

①停止电动泵，将远控台储能器压力降至气动泵启动。

②观察油雾器滴油量应为 5~8 滴 /min。

③如果滴油量小于 5 滴 /min，则逆时针缓慢旋转调节螺钉；如果滴油量大于 8 滴 /min，则顺时针缓慢旋转调节螺钉。

4. 气水分离器排水

（1）按压排水阀按钮，直至将水排放干净，松手后自动复位。

（2）将排水阀开关向上顶，直至将水排放干净，松手后自动复位。

（3）将排水阀开关径向扳动，直至将水排放干净，松手后自动复位，如果不能自动复位，则进行手动径向复位。

5. 管汇、环形等 YPQ 型压力变送器的调节（一次、二次仪表误差调节）

（1）逆时针旋转拆掉对应压力表变送器上盖螺钉，取掉上盖。

（2）用一把扳手扳住阀座，另一把扳手逆时针旋转松开锁紧螺母，YPQ 型压力变送器如图 6-25 所示。

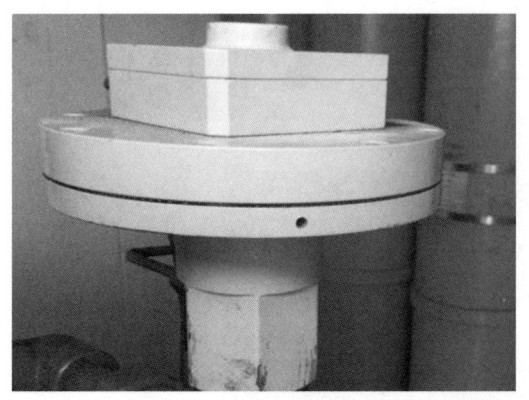 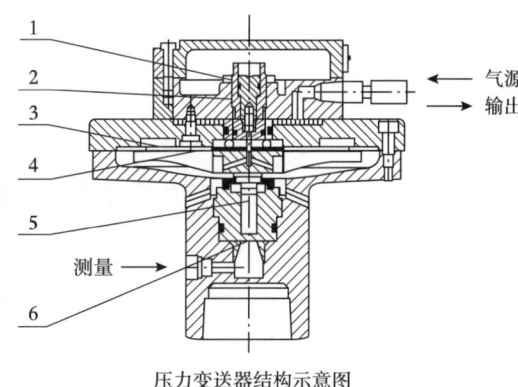

图 6-25　YPQ 型压力变送器

1—锁紧螺母；2—阀座；3—膜片组；4—阀针；5—活塞杆；6—橡胶模片

（3）用扳手缓慢旋转阀座，顺旋调高二次压力，逆旋调低二次压力，调节时要轻微和缓慢。

（4）调节完成后，用一把扳手扳住阀座，另一把扳手顺时针紧固锁紧螺母。

（5）将上盖和螺钉安装并紧固到位。

6. 远程控制台三位四通换向阀的操作

（1）确认气源压力 0.65~1.3MPa、环形压力 8.5~10.5MPa，管汇压力 10.5MPa±0.7MPa，储能器压力 18.5~21MPa。

（2）确认需要开关的控制对象及对应的三位四通换向阀。

（3）开关全封和剪切三位四通换向阀时要打开限位装置。

（4）扳动待操作的三位四通换向阀手柄至对应开、关位。

（5）观察管汇、环形压力变化，正常情况下，压力应下降后再恢复至正常控制油压。

（6）远控台开关操作时三位四通换向阀手柄应开关到位，严禁处半开半关状态。

7. 三缸柱塞泵的操作

（1）广石曲轴箱油量的检查与添加。

①电动泵未运转时，拔出曲轴箱后部油标尺，检查油量应在上下限之间（图 6-26）。

图 6-26　广石曲轴箱油量的检查

②如果油量接近或低于油标尺下限，则从油标尺孔处添加 N32# 机油至油标尺上下限之间（图 6-27）。

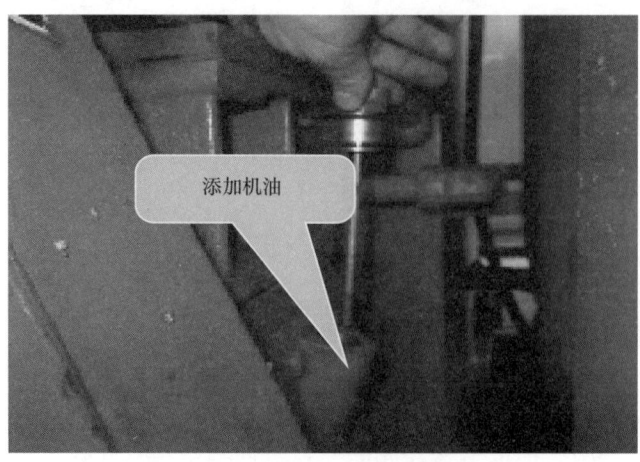

图 6-27　广石曲轴箱油量的添加

（2）北石曲轴箱油量的检查与添加。

①电动泵未运转时，检查曲轴箱后部油标尺，油量应在上下限之间（图6-28）。

图6-28　北石曲轴箱油量的检查

②如果油量接近或低于油标尺下限，则打开曲轴箱上部加油孔添加N32#机油至油标尺上下限之间。

（3）柱塞密封圈压帽的调节。

三缸柱塞泵工作时，柱塞处滴油量3~5滴/min为正常情况，若工作时滴油量低于3滴/min或滴油量超过5滴/min，则应调节柱塞密封圈压帽（图6-29）。

图6-29　柱塞密封圈压帽

①三缸柱塞泵工作时，柱塞杆处滴油量低于3滴/min的调节方法。

a. 停泵，卸松锁紧压帽。

b. 泄压，启动电动泵。

c. 将调节工具插入密封圈压帽孔，缓慢逆时针转动密封圈压帽，转动的同时，观察柱塞杆处滴油情况，直到滴油量为3~5滴/min。

d. 停泵，紧固锁紧压帽（图 6-30）。

图 6-30　柱塞密封圈压帽的调节

②三缸柱塞泵工作时，柱塞杆处滴油量超过 5 滴 /min 的调节方法。

a. 停泵，卸松锁紧压帽。

b. 泄压，启动电动泵。

c. 将调节工具插入密封圈压帽孔，缓慢顺时针转动密封圈压帽，转动的同时，观察柱塞杆处滴油情况，直到滴油量为 3~5 滴 /min。

d. 停泵，紧固锁紧压帽。

调节完成后，使用电动泵从 0~21MPa 打压一次，在打压过程中，观察柱塞杆处滴油量是否在 3~5 滴 /min，同时用手触摸密封圈压帽的温度，若温度过高，则应按照②的步骤重新调节。

8. 电动泵、气动泵的使用

（1）电动泵的使用。

①远控台油箱应加注 10# 航空液压油，保证其清洁度，以免对元件造成损害，严禁混用不同型号液压油或在油箱内加入柴油、煤油、机油等油品。

②连接电源应与远控台要求的电压、频率一致，并有充足的容量，否则会造成产品的电器件受损。

③开启电动三缸柱塞泵自动按钮，检查远控台"蓄能器压力"应在 18.5~21MPa 之间启停，柱塞泵运行是否有异响，升压是否正常（图 6-31）。

图 6-31　电动泵的使用

（2）使用气动泵打超高压操作。

①当现场需要打超高压时，打开储能器旁通阀，观察管汇压力与储能器压力一致。

②关闭储能器截止阀。

③打开气源旁通阀，启动气动泵。

二、司控台操作

1. 气控液司控台换向阀的操作

（1）确认气源压力 0.65~1.3MPa、环形压力 8.5~10.5MPa，管汇压力 10.5MPa±0.7MPa，储能器压力 18.5~21MPa。

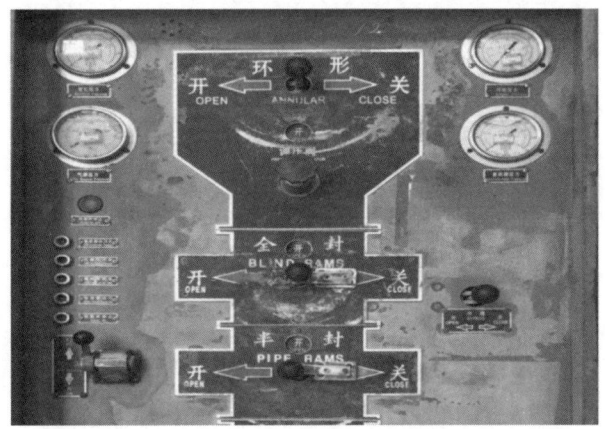

图 6-32　气控液司控台

（2）司钻控制台换向阀为二级操作，由于空气管缆为细长的管线，需要一段响应时间。左手扳动气源总阀到位后（广石向下，北石向左），右手再扳动需要开关设备对应的换向阀手柄，同时观察对应的压力表，当压力显示开始升高时，才能松开气源总阀及换向阀手柄（图 6-33）。

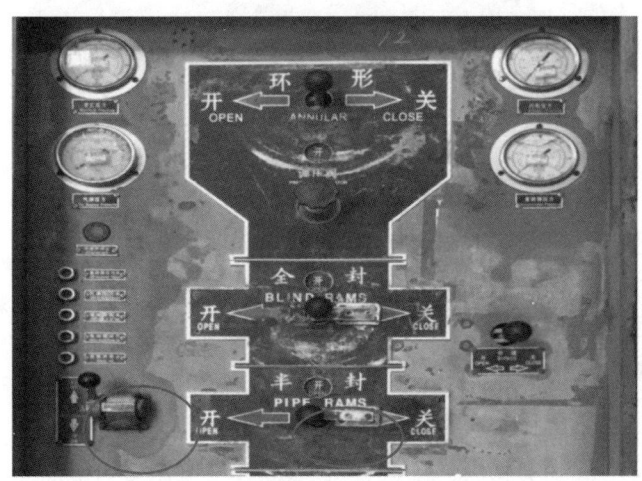

图 6-33　气控液司控台换向阀操作

（3）副司钻在远控台要检查确认每个三位四通换向阀是否动作正确和动作到位。

2. 电气控司钻台按钮的操作

（1）确认司钻台电源指示灯通电，确认气源压力 0.65~1.3MPa、环形压力 8.5~10.5MPa，管汇压力 10.5MPa±0.7MPa，储能器压力 18.5~21MPa，气电气控司钻台按钮如图 6-34 所示。

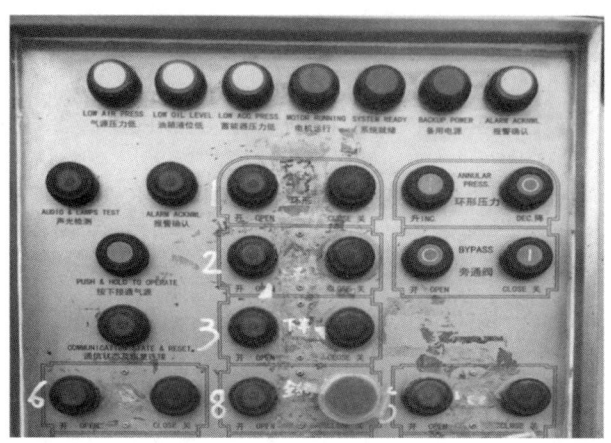

图 6-34　气电气控司钻台按钮

（2）左手按下接通气源按钮，右手按下需要操作的控制对象开、关按钮，观察对应的开、关位指示灯亮起，同时观察对应的压力表，当压力显示开始升高时，才能松开按钮（图 6-35）。

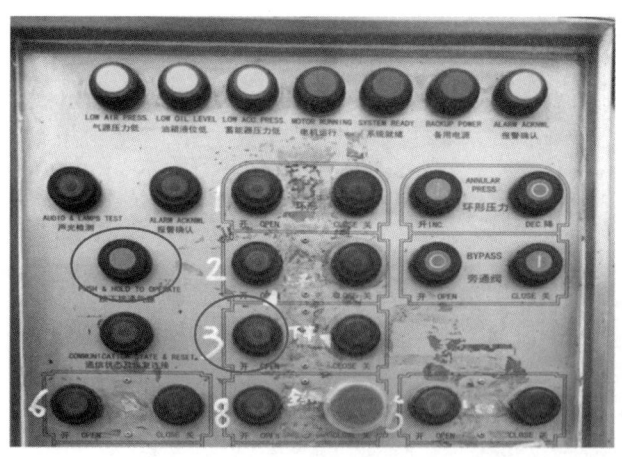

图 6-35　气电气控司钻台按钮操作

（3）副司钻在远控台要检查确认每个三位四通换向阀是否动作正确和动作到位。

三、手动平板阀的操作

1. 开关操作

（1）首次安装时，应开关阀门，确认记录每只平板阀开关到位的圈数。

（2）关闭：顺时针转动手轮，直到转动圈数与记录一致，关到位后回旋 1/2~1/4 圈（带省力机构有铭牌的按铭牌上的回旋圈数回旋，无铭牌的回旋1~2圈）。

（3）打开：逆时针转动手轮，直到转动圈数与记录一致，开到位后回旋1/2~1/4圈（带省力机构有铭牌的按铭牌上的回旋圈数回旋，无铭牌的回旋1~2圈）。

2. 日常维护

（1）待令工况：各个平板阀、节流阀挂牌标识状态与工况相符合。

（2）每班作开关状态检查，每周全开全关活动一次；每季度注油保养一次。

四、手动节流阀的操作

（1）检查限位螺母是否上到位。

（2）观察套压表，顺时针转动手轮节流阀开度减小，逆时针转动手轮打开节流阀增大。

五、液动节流阀的操作

节流循环压井过程中，为精确控制套压，需要通过微动液动节流阀来实现，微动操作程序如下：

（1）先将速度调节阀关闭到位。

（2）需要微动液动节流阀时，右手将三位四通换向阀倒向所需要的开关位置，左手打开速度调节阀1/2圈后，再迅速关闭到位，松开三位四通换向阀手柄。

（3）观察阀位数显表上的液动节流阀开关动作情况，若行程过大，则减少速度调节阀开关圈数，若行程过小，则增大速度调节阀开关圈数。

六、带压打开旋塞阀的操作

（1）根据现场工况，从旋塞阀内螺纹接头端连接高压管线。

（2）操作旋塞阀开关手柄，向打开方向施加一定压力。

（3）从旋塞阀内螺纹接头段缓慢施加平衡压，直至打开。

七、现场更换闸板总成的操作

（1）（有侧门螺栓）远程台电控箱主令开关倒至停位，关闭储能器截止总阀，打开管汇泄压阀（保持开位），操作换装闸板三位四通换向阀开关位活动液压管路泄压后回至中位。

（2）（有侧门螺栓）拆卸闸板左右侧门螺栓。

（3）（无侧门螺栓）操作远程台对应控制三位四通换向阀，确认换装闸板防喷器全开到位。

（4）（无侧门螺栓）保持控制手柄处开位，打开左右侧门斜向锁销。

（5）（无侧门螺栓）使用专用扳手旋转侧门锁紧半圆轴至开位。

（6）（有侧门螺栓）关闭远程台泄压阀，打开储能器截止总阀，调节管汇手动调压阀调节管汇油压至2~3MPa；如不能打开可适当逐步调高管汇油压。

（7）（无侧门螺栓）调节远程台管汇手动调压阀调节管汇油压至2~3MPa；如不能打开可适当逐步调高管汇油压。

（8）远程台操作换装闸板三位四通换向阀倒向关位，缓慢完全打开平移式侧门，两端闸板总成开关位调节处于适合吊装的中间位置。

（9）操作要点：闸板总成需进入中间法兰腔的（54-35、54-70、35-105），应两人采用对讲机配合联系完成侧门打开、关闭操作，一人在远程台内缓慢操作相应控制对象的手柄，一人井口观察左右闸板总成动作，风险：闸板总成后端与中间法兰腔台阶接触而拉坏挂钩，左右侧门闸板总成不平正损坏腔室面和闸板。

（10）关闭储能器截止阀，打开泄压阀将管汇控制压力卸压至零，保持泄压阀处于打开状态，操作换装闸板三位四通换向阀开关位活动液压管路泄压后回至中位。防止误操作，按要求对储能器截止阀、泄压阀进行上锁挂签。

（11）分别平稳吊出左右侧闸板总成（检查吊环螺纹与闸板总成内螺纹接头匹配，吊装时不得触碰辅助小液缸）。

（12）清洁检查闸板壳体密封圈槽、壳体顶密封、闸板腔室、侧门平面、辅助小液缸、闸板轴及挂钩、侧门螺孔完好、无损伤。（关键点）防止人员滑到、跌倒，高处作业使用安全带。

（13）清洁检查侧门密封圈无裂纹、破损，安装方向正确；支撑导向杆无弯曲变形；有密封圈钢骨架的还应检查无变形，磕碰痕等。

（14）（无侧门螺栓）清洁整理半圆锁销及锁销槽。

（15）安装密封圈时确认密封圈正反，并均匀涂抹上锂基润滑脂。

（16）清洁检查新换闸板总成钢号与送料清单一致；前密封完好、顶密封完好且有足够的过盈量（参考值：2~3mm）；剪切闸板剪切口无明显损伤。有裂纹、破损等需进行更换。吊入闸板封芯时检查吊位孔内螺纹接头及吊环外螺纹接头完好匹配。

（17）安装闸板总成前，测量记录闸板总成挂钩圆弧端面至总成顶面高度。

（18）闸板总成挂钩和闸板轴挂钩上涂抹少量润滑油，平稳起吊闸板总成对位挂至闸板轴挂钩上（不得触碰和将总成放置于辅助小液缸上）。

（19）依据总成挂钩圆弧端面至总成顶面高度，用板尺测量闸板总成顶面与闸板轴挂钩间尺寸，检查挂钩是否到位。

（20）用水平尺分别置于闸板总成平面前端和后端，测量检查闸板总成横向水平度。

（21）在闸板总成的橡胶密封部位均匀涂抹锂基润滑脂。

（22）检查侧门不应有明显下沉，否则关闭时应配合提升，避免闸板碰撞腔室入口。

（23）关闭远程台泄压阀，打开储能器截止总阀，调节管汇手动调压阀调节管汇油压至2~3MPa。

（24）操作远程台对应控制对象三位四通换向阀倒向开位，缓慢开启总成，进入中间法兰时适当停留观察平正，确认无误方可继续动作，完全开启闸板进入侧门腔到位。

（25）操作要点：闸板总成需进入中间法兰腔的（54-35、54-70、35-105），应两人采用对讲机配合联系完成侧门打开、关闭操作，一人在远程台内缓慢操作相应控制对象的手柄，一人井口观察左右闸板总成动作。

（26）操作三位四通换向阀缓慢关闭侧门，并在闸板进入腔室时适当停留观察，无误后再行关闭；否则调整对正入口，完全关闭侧门后，调整油压至10.5MPa。

（27）（有侧门螺栓）保持控制手柄处开位，安装侧门螺栓，手扳预紧侧门螺栓管汇压力泄至零，紧固侧门螺栓（禁止使用气动绞车紧固侧门螺栓）。

（28）（有侧门螺栓）调试远程台至正常工况，试开关闸板防喷器2次检查行程是否到位。

(29)（无侧门螺栓）保持控制手柄处开位，使用专用扳手旋转侧门锁紧半圆轴至关位。
(30)（无侧门螺栓）关闭左右侧门斜向锁销。
(31)（无侧门螺栓）调试远程台至正常工况，试开关闸板防喷器2次检查行程是否到位。
(32)注意：更换闸板总成作业过程中，应合理组织工作程序，减少侧门打开时间，如长时间不能更换封芯，应关闭闸板侧门。

八、顶丝总成的操作

（1）卸松和上紧压帽。
只有当顶丝杆操作困难和顶丝总成出现泄漏时，才允许进行压帽的卸松和上紧操作。
①卸松和上紧压帽前，应拆除压帽防松动装置。
②卸松和上紧压帽时应使用扳手固定住顶丝杆，防止顶丝杆随着压帽一起转动。
③应在套管头无压的情况下才允许卸松压帽。卸松压帽时，应卸松1~2扣就尝试转动顶丝杆，直到顶丝杆能转动为止。
④当顶丝总成出现泄漏需上紧压帽时，上紧到顶丝总成不漏为止。
⑤当卸松压帽后再上紧，应保证压帽端面距法兰圆周的距离不大于附表的要求，并在条件允许的情况下应对顶丝总成进行密封性承压检查。
⑥压帽上紧后应重新装好压帽防松动装置。
（2）紧顶丝杆。
①顶紧顶丝时应使用扳手等固定压帽，防止压帽随顶丝杆转动。
②当顶丝杆转动困难时，按照"卸松和上紧压帽"操作规程对压帽进行操作。
③对称顺时针转动顶丝，顶丝杆到位的判断。
a. 顶丝杆露出长度与测量的一致（安装前将防磨套（或悬挂器）放入四通内进行试安装（顶紧顶平顶丝），测量并记录顶丝端部距法兰外圆长度）。
b. 顶丝杆顶紧位置标记环与压帽端面平齐。
（3）卸松顶丝杆。
①卸松顶丝时应使用扳手等固定压帽，防止压帽随顶丝杆转动。
②当顶丝杆转动困难时，按照"卸松和上紧压帽"操作规程对压帽进行操作。
③对称逆时针转动顶丝，顶丝杆到位的判断。
a. 顶丝杆露出长度与测量的一致（安装前将顶丝完全退出四通主通径，测量并记录顶丝端部距四通法兰外圆长度）。
b. 顶丝杆卸松位置标记环与压帽端面平齐。

九、环形防喷器带压起下钻的操作

（1）检查确认。
①远程控制台、司钻控制台气源压力是否在0.65~1.3MPa范围内。
②钻杆接头与本体过渡带是否为18°斜坡钻杆（注意：上接头18°、下接头35°）。
③检查调节环形防喷器液控压力的液压调压阀、气压调压阀等工作正常。
④确认井筒关井套压，套压高于7MPa不可带压活动钻具。
（2）广石气控液控制系统操作方法。

①调整确认远程控制台内环形手动（气动）液压调压阀的调压丝杆已退到位，手柄处于锁紧状态。

②检查确认远程控制台内气旋塞阀箭头细头方向指向司钻控制台。

③检查确认远程控制台内气旋塞阀箭头细头方向指向司钻控制台时，环形防喷器的液控压力为10.5MPa左右。

④下调环形防喷器的液控压力前，钻台面和钻台下应设置安全区域，防止液控压力下调过程中胶芯刺漏伤人。

⑤拆松司钻控制台上环形防喷器气源调压阀丝杆的锁紧螺母。

⑥采用司钻控制台上气源调压阀降低环形防喷器液控压力方法。

a. 逆时针转动气源调压阀手轮，每次转动1/8圈（根据实际情况修正）。

b. 在远程控制台将控制环形防喷器的三位四通换向阀手柄从关位扳到中位，再从中位扳到关位。

c. 待环形防喷器的液控压力下降稳定后，再按照①、②和③操作调节环形防喷器的液控压力。

⑦环形防喷器液控压力是否合适的判断。

a. 环形防喷器出现轻微渗漏，即每分钟不大于4L。

b. 环形防喷器液控压力降至3~5MPa之间。

⑧液控压力调节到合适时，锁紧气源调压阀丝杆的锁紧螺母。

⑨缓慢起下钻杆，起下钻速度不得大于0.2m/s。

⑩在起下钻过程中，需专人负责关闭井口对应钻杆规格的闸板防喷器，当环形防喷器出现大的泄漏时能立即关井。

⑪在拆卸钻杆时，建议关闭井口钻杆规格的闸板防喷器。

⑫带压起下钻结束后，应立即对环形防喷器胶芯密封性等胶芯检查。

（3）北石气控液控制系统操作方法。

①检查确认远程控制台内环形手动（气动）液压调压阀的调压丝杆退到位，锁紧手柄处于锁紧状态（图6-36）。

图6-36 环形手动（气动）液压调压阀

②确认远程台将旋塞阀圆孔方向指向司钻控制台方向。

③检查确认远程控制台旋塞阀圆孔方向指向司钻控制台方向时，环形防喷器的液控压力为 10.5MPa 左右（图 6-37）。

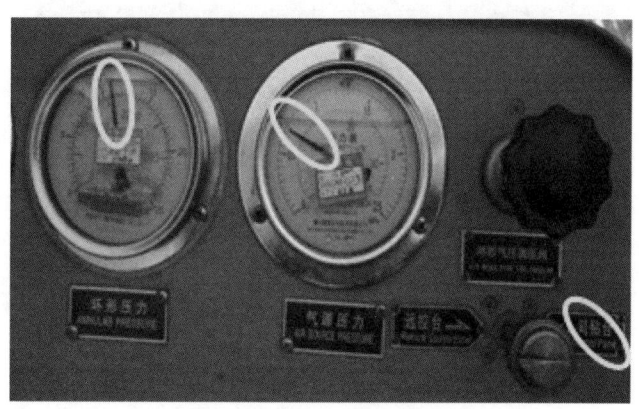

图 6-37　位置与压力检查确认

④下调环形防喷器的液控压力前，钻台面和钻台下应设置安全区域，防止液控压力下调过程中胶芯刺漏伤人（图 6-38）。

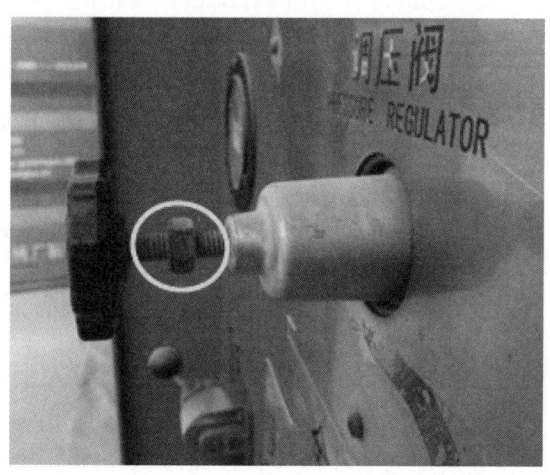

图 6-38　环形防喷器气源调压阀

⑤拆松司钻控制台上环形防喷器气源调压阀丝杆的锁紧螺母。

⑥采用司钻控制台上气源调压阀降低环形防喷器液控压力方法。

a. 顺时针转动气源调压阀手轮，环形关闭油路控制压力降低，逆时针旋转，环形关闭油路控制压力升高，每次转动 1/8 圈（根据实际情况修正）（图 6-39）。

b. 在远程控制台将控制环形防喷器的三位四通换向阀手柄从关位扳到中位，再从中位扳到关位。

c. 待环形防喷器的液控压力下降稳定后，再按照①、②和③操作调节环形防喷器的液控压力。

图 6-39 环形防喷器气源调压操作

⑦环形防喷器液控压力是否合适的判断。

a. 环形防喷器出现轻微渗漏，即每分钟不大于 4L。

b. 环形防喷器控制油压降至 3~5MPa 之间。

⑧液控压力调节到合适时，锁紧气源调节阀丝杆的锁紧螺母。

⑨缓慢起下钻杆，起下钻速度不得大于 0.2m/s。

⑩在起下钻过程中，需专人负责关闭井口对应钻杆规格的闸板防喷器，当环形防喷器出现大的泄漏时能立即关井。

⑪在拆卸钻杆时，建议关闭对应钻杆规格的闸板防喷器。

⑫带压起下钻结束后，应立即对环形防喷器胶芯密封性等胶芯检查。

（4）广石电控液控制系统操作方法。

①确认远程台手气动调压阀调压丝杆退到位，锁紧手柄处于锁紧状态。

②检查确认远程控制台内气旋塞阀箭头细头方向指向司钻控制台。

③检查确认远程控制台内气旋塞阀箭头细头方向指向司钻控制台时，环形防喷器的液控压力为 10.5MPa 左右。

④下调环形防喷器的液控压力前，钻台面和钻台下应设置安全区域，防止液控压力下调过程中胶芯刺漏伤人。

⑤采用司钻控制台上按环形压力"升""降"按钮降低环形防喷器液控压力方法。

a. 按"升"按钮，环形关闭油路控制压力升高，达到所需压力值时，放开按钮。按"降"按钮，环形关闭油路控制压力降低，达到所需压力值时，放开按钮。

b. 在远程控制台将控制环形防喷器的三位四通换向阀手柄从关位扳到中位，再从中位扳到关位。

c. 待环形防喷器的液控压力下降稳定后，再按照①、②、③操作调节环形防喷器的液控压力。

⑥环形防喷器液控压力是否合适的判断。

a. 环形防喷器出现轻微渗漏。

b. 环形防喷器控制油压降至 3~5MPa 之间。

⑦缓慢起下钻杆，起下钻速度不得大于 0.2m/s。

⑧在起下钻过程中，需专人负责关闭井口对应钻杆规格的闸板防喷器，当环形防喷器出现大的泄漏时能立即关井。

⑨在拆卸钻杆时，建议关闭对应钻杆规格的闸板防喷器。

⑩带压起下钻结束后，应立即对环形防喷器胶芯密封性等胶芯检查。

十、剪切的操作

（1）调整钻具位置，确保钻杆本体在剪切闸板位置，锁定钻机绞车刹车系统。

（2）如果条件允许，用钻具防上顶装置方式固定剪切点以上钻具。

（3）关闭环形防喷器。

（4）先将所有三位四通换向阀手柄倒至中位，再打开远控台储能器旁通阀，确认管汇压力与储能器压力一致后，关闭剪切闸板防喷器；若未能剪断钻具，保持剪切闸板不动，先关闭储能器截止阀，再打开气源旁通阀，启动气动泵，给剪切闸板控制油压增压，直至剪断井内钻具关井。

（5）剪切成功后，关闭气源旁通阀，关闭储能器旁通阀，打开储能器截止阀。

（6）关闭全封闸板防喷器，并锁紧全封闸板防喷器和剪切闸板防喷器。

（7）试关井。关闭放喷通道（依次关闭四通液动放喷阀、J9、J6b，再打开四通液动放喷阀），关井压力不得超过最大允许关井压力。

十一、节控箱操作

节控箱是节流管汇液动节流阀的控制装置，它可以远程控制液动节流阀的开启和关闭，并在控制箱面板上显示出立管压力、套管压力及液动节流阀的开启程度。由此来维持井底压力的平衡，是成功的控制井涌、井喷，实施油、气井压力控制技术所必需的设备（图6-40）。

图6-40 节控箱

（1）通过操作三位四通换向阀可达到控制液动节流阀开/关的目的，可通过调节调速阀来控制液动节流阀的开关速度。

（2）启动前先打开泄压阀，运转电动泵不少于10s以排出管路中的空气。

（3）节流阀的阀位开度为常关，每班对阀位开关活动一次。

（4）禁止使用清水冲洗节控箱；连接管线及阀件无泄漏。

（5）控制面板或数显表数值显示准确，各表压力显示与实际误差小于1MPa、阀位开度误差不大于1mm。

（6）电动泵2.5MPa启泵，4.2MPa停泵。

（7）冬季采用防爆电暖器或蒸汽暖片箱内保温，新式节控箱自带保温装置。

十二、自动点火装置操作

1. FQCY型点火装置（二合一）

（1）控制箱待机检查。

①控制面板上的电源旋钮旋至开位，电源、加热、高压指示灯亮。

②高压切换旋钮有三个位置（其中两个为备用），旋至某一位置时相应的高压指示灯亮。注：高压电缆未与打火嘴连接时，勿按下点火开关。

③吹扫延时旋钮处于"关"位：只有因环境温度过低而防止外露油管内的油冻结才将吹扫延时旋钮旋至"开位"。

④双电源控制器的电源开关按至"开"位，电源、交流、0供电、充电指示灯亮。

⑤加热开关处于"关"位：只有因环境温度过低而防止油箱、阀组内的油冻结才将加热。

⑥按下遥控器开关，电源、联机指示灯亮，若联机指示灯未亮，请调整遥控距离。

（2）正常点火。

①操作电子自动点火装置前，应检查控制柜油箱、燃烧筒油箱油量不低于液位计1/2位置。

②操作电子自动点火装置前，应检查控制柜内气源出口压力不小于0.5MPa。

③气温低于0℃时，油箱应分别加注-35#柴油并分别开启组合控制柜和分离器立式燃烧筒电加热器。

（3）手动点火。

①打开组合控制箱门，控制箱处于待机状况下，按下放喷管线点火按钮直至火炬口喷油点燃后放开该按钮，引火火焰约5s后自动熄灭。

②控制箱处于待机状况下，按下分离器点火按钮直至火炬口喷油点燃后放开该按钮，引火火焰自动熄灭。

注：初次点火时由于油管线内无油需要较长时间才能充满雾化点燃，第二次点火（吹扫延时旋钮处于"关"位）则将会很快被点燃。

将吹扫延时旋钮处于"开"位，因每次点火后油管线内的油都自动被吹扫干净，故每次点火都需要较长时间才能充满雾化点燃。

（4）遥控点火。

①控制箱内遥控天线伸出箱外。

②按遥控器电源开关，电源、联机指示灯亮。

③按下点火 1（放喷管线点火）或点火 2（分离器点火）按钮，点火指示灯亮，直至点燃火炬口喷油后放开该按钮，引火火焰自动熄灭。

注：放喷管线点火和分离器点火不可同时操作。

2. LDH 型点火装置

（1）分离器点火装置。

①连接好控制柜油气管线和高压点火电缆，接通 220V 电源。

②打开电源开关，电源灯亮，约 15s 允许点火灯亮后，即可点火。

手动点火：将转换开关打到手动位置，手动指示灯亮。可使用面板点火按钮或遥控器进行点火操作。点火时一直按住点火开关，在不大于 15s 时间内点燃主火炬，然后松开按钮，然后松开按钮，火焰 5s 后自动熄灭。

③自动点火：将转换开关打到自动位置，自动指示灯亮。点火枪每间隔 5s 开始自动点火，自动点火期间如火焰检测到主火炬上有被点燃的明火，着火指示灯亮，点火枪自动停止点火。中途如果火焰熄灭，点火枪自动开始点火，如点 10 次不成功，即自动关闭点火系统。此时需检查燃油没供应或其他故障，排除故障后再按下点火开关启动自动点火模式。

④遥控点火：将遥控器上电源按下，电源指示灯亮，然后同时按下 A、B 双键，则点火装置开始点火，只按单键则无法点火。

⑤长明火可配合自动点火一起使用。

注：①连接好所有进出线和油气管线后才能通电点火。

②控制柜电源开关打开后，允许点火灯不亮，严禁其他操作，检查原因，清查后在使用。

③点火装置不使用时将电源开关拨到"关"位置。

④当首次安装点火时，由于从智能电控柜到点火装置主体油管过长，充满燃油需要一定时间，所以首次点火时间略长，需大约 20s。

（2）放喷管线点火装置。

①接好外电要求：三相 5 相制 AC380V，把空气开关推上电源指示灯亮。

②系统启动：按住系统启动开关 5s 后，触摸屏上电，系统处于启动状态。

③系统停止：把空气开关扳下，然后按住系统停止开关。触摸屏关电，系统处于关闭状态。（注意：在空气开关推上状态下也就是有市电供电的情况下无法关闭系统，因为系统会自动切换到电池供电系统）。

④显示正常：如油压、温度、锂电池电压、油箱液位。

⑤系统打压：按下油泵自动运行开关，开始打压，系统自动打压到设定压力后停止打压。如中间需要停止打压，只需要按下油泵停止运行开关油泵运行即可。

⑥开启手动点火：按下控制柜上开启手动点火按钮，点火枪产生高能电弧，同时系统喷油，点燃喷出的柴油。如需长明点燃，则需在触摸屏上将长明火按钮打开。用遥控器上的开启手动点火按钮原理同此方式。（如用遥控器需在触摸屏上启动遥控器）。

⑦关闭长明火：在触摸屏上启动长明火的情况下，需要关闭长明只需按下控制上的关闭长明火即可。

⑧开启自动点火：按下自动点火按钮，此时触摸屏上弹出如图 6-41 所示对话框，点

击确定此时报警器发出声音（如需要报警器发声需要在厂家设置画面里打开报警器），等待1min的火焰探测器自检后自行喷油点火。如果长明火点燃的话，点火器进入待命状态，一旦火焰探测器探测到无火焰，则会每隔15s喷油点火一次，直到火焰探测器探测到有火焰或按下停止自动点火才会结束整个过程。

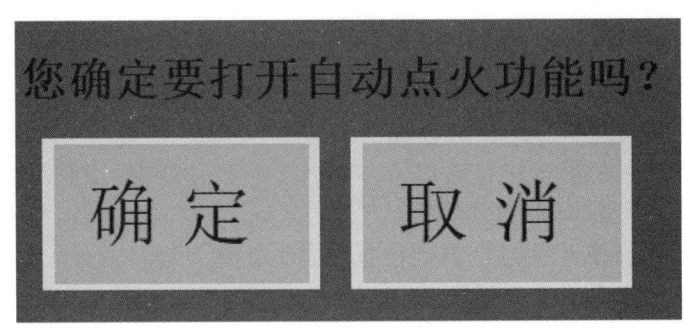

图 6-41　自动点火对话框

⑨关闭自动点火：按下控制上的关闭自动点火按钮。

第六节　井控装备常见故障处置与预防措施

一、防喷器典型故障现象、处置及预防措施

1. 闸板防喷器故障典型案例

闸板防喷器故障典型案例见表6-1。

表 6-1　闸板防喷器故障及处置方法

序号	故障	处置方法
1	2021年5月1日，富源216H井，井队在巡检时发现5in半封处于开位，远程台三位四通换向阀回油不断（液缸开位窜漏），每分钟滴油50滴	现场分析判断防喷器液缸开位密封圈密封不好，打开后将三位四通换向阀手柄置于中位，工况具备后更换闸板防喷器
2	2021年11月26日，康村1井，井队做防喷演习时发现双闸板5in下半封关闭后，三位四通换向阀回油口一直回油不断，且流量较大	现场分析判断为主活塞密封圈高油压时密封不好，具备工况后更换闸板防喷器
3	2021年8月19日，富源3井，井队在巡检过程中发现5in下半封压井侧门观察孔漏油，将远控房内5in半封手柄倒至中位，观察孔无渗漏	现场分析判断防喷器闸板轴与侧门之间密封开位油压密封圈磨损，工况具备后更换闸板防喷器

2. 闸板防喷器故障处置

闸板防喷器故障处置方法和预防措施见表6-2。

表 6-2 闸板防喷器故障处置方法和预防措施

序号	故障名称	处置方法	预防措施
1	防喷器无法打开	（1）维修或更换部件；如果现场无法修复，更换防喷器； （2）检查维修液压锁紧机构，对手动锁紧机构解锁后，重新开启防喷器； （3）更换密封件，如果现场无法修复，更换防喷器	（1）每次打开防喷器后确认闸板总成是否全部退回到腔室； （2）冬季按标准做好冬防保温
2	防喷器开关不动作	（1）排查控制管线； （2）检查闸板腔室是否被冰块卡住	冬季按标准做好冬防保温
3	腔室密封失效	（1）更换闸板总成或闸板胶芯，修复密封面，如果现场无法修复，更换防喷器； （2）现场更换侧门密封圈； （3）维修侧门密封圈槽，如果现场无法修复，则更换防喷器； （4）更换闸板轴并压密封圈，如果现场无法修复，则更换防喷器； （5）检查钻柱尺寸是否与闸板总成尺寸相对应	现场进行磨铣、固井等作业后及时清洗防喷器
4	连接法兰密封失效	（1）清洗密封垫环槽，如果密封垫环槽损坏严重，则更换防喷器； （2）更换新的密封垫环	
5	液缸窜漏	将三位四通换向阀倒至中位，防止液压油继续漏失，确认后更换防喷器	（1）冬季做好冬防保温； （2）定期进行油路清洁
6	液压锁不解锁	反复开关防喷器或检修液压锁	

3. 环形防喷器故障处置

环形防喷器故障处置方法和预防措施见表 6-3。

表 6-3 环形防喷器故障处置方法和预防措施

序号	故障名称	处置方法	预防措施
1	环形三位四通换向阀回油口出现油流	三位四通换向阀本身密封失效，维修或更换三位四通换向阀	
2	液缸窜漏	将三位四通换向阀倒至中位，防止液压油继续漏失，确认后更换防喷器	（1）冬季做好冬防保温； （2）定期进行油路清洁
3	胶芯密封失效	更换胶芯或者环形防喷器	（1）结合环形胶芯使用寿命，跟踪胶芯使用时间与使用状态； （2）胶芯达到使用寿命时，适当工况下进行预防性更换

二、节流压井管汇、分离器典型故障现象、处置及预防措施

1. 节流压井管汇故障典型案例

节流压井管汇故障典型案例见表 6-4。

表 6-4 节流压井管汇故障及处置方法

序号	故障	处置方法
1	2021年2月23日，大北1701X井，因固井时水泥浆进入节流管汇，造成堵塞	清理通道内水泥浆，更换节流管汇
2	2021年8月1日，迪北5井，井队巡检时发现开关节12液动节流阀，阀位数显表数值无变化	更换M22快速接头

2.节流压井管汇故障处置

节流压井管汇故障处置方法和预防措施见表6-5。

表 6-5 节流压井管汇故障处置方法和预防措施

序号	故障名称	处置方法	预防措施
1	平板阀开关力矩大	（1）注油保养，更换轴承； （2）检修或更换阀杆； （3）将轴承套旋紧到正确位置，并进行固定； （4）检查清理阀腔或更换阀门； （5）检查密封圈压帽	（1）定期注黄油保养； （2）固井等特殊作业后及时清理阀腔； （3）冬季按标准做好冬防保温
2	平板阀密封失效	（1）更换密封圈； （2）关闭到位后手轮回转1/4~1/2圈，带省力机构的回转1~2圈； （3）更换阀座、阀板或更换阀门	（1）每班检查活动一次平板阀； （2）每次使用后进行吹扫，吹扫时应采取多次吹扫和开关活动平板阀相结合的方式，最大限度减少通道及阀腔内流体残留； （3）冬季按标准做好冬防保温
3	手动平板阀手轮转动灵活，但不能实现开关	（1）更换传动销； （2）更换阀杆； （3）更换提升螺母	
4	节流阀无法控制回压	（1）更换节流阀阀芯、阀座； （2）清理阀腔； （3）更换节流阀	
5	节流阀通道堵塞	（1）打开排堵法兰清除积物； （2）更换节流阀	（1）每次使用后进行吹扫，吹扫时应采取多次吹扫和开关活动平板阀相结合的方式，最大限度减少通道及阀腔内流体残留； （2）冬季按标准做好冬防保温
6	手动节流阀开关失灵	（1）更换阀杆导向销键； （2）拆开阀盖重新组装并上紧限位螺母	每次活动时确认限位螺母松紧情况
7	液动节流阀开关失灵	（1）维修或更换液缸总成； （2）检查维修接头或疏通管线； （3）维修或更换换向阀	
8	液动节流阀液缸漏油	（1）更换液缸相应部位密封圈；	
9	仪表不显示压力	（1）检查密封并加注隔离液； （2）检修或更换仪表法兰更换压力传感器	井队加强日常巡检

3. 分离器故障典型案例

分离器故障典型案例见表 6-6。

表 6-6 分离器故障及处置方法

序号	故障	处置方法
1	2021 年 10 月 26 日，满深 3-H6 井，节流循环时发现分离器火炬管有钻井液流出	关闭 J10，打开进液、排液管线排污阀排污，疏通分离器下部排液管线

4. 分离器故障处置

分离器故障处置方法及预防措施见表 6-7。

表 6-7 分离器故障处置方法及预防措施

序号	故障现象	处置方法	预防措施
1	进液口堵塞不畅	用空气吹扫防止钻井液沉淀或结冰堵塞	（1）每次使用后尽快打开排液阀排出积液； （2）做好冬防保温
2	排液不畅	清理排液管	
3	排气管出钻井液	（1）清理排液管； （2）控制进口流量	

三、远程控制台、司钻控制台、防提断装置、气罐典型故障现象、处置及预防措施

1. 远程控制台故障典型案例

远程控制台故障典型案例见表 6-8。

表 6-8 远程控制台故障及处置方法

序号	故障	处置方法
1	2021 年 12 月 18 日，克深 8-17 井，井队巡检时发现电动泵不能自动打压	使用手动打压，更换压力控制器
2	2021 年 5 月 31 日，果勒 3-H2 井，井队巡检时发现电动泵手、自动均不打压	使用气动泵打压，更换交流接触器
3	2021 年 1 月 9 日，博孜 1302 井，井队巡检时发现有两只储能器钢瓶下部渗油	泄压后关闭储能器钢瓶下部截止阀，更换储能器钢瓶下部密封圈
4	2021 年 9 月 12 日，博孜 101-1 井，井队巡检时发现液气开关上部渗漏液压油	更换液气开关上部油压密封圈

2. 远程控制台故障处置

远程控制台故障处置及预防措施见表 6-9。

表 6-9 远程控制台故障处置方法及预防措施

序号	故障现象	处置方法	预防措施
1	电动泵不能自动打压	（1）使用备用电动泵； （2）无备用电动泵，储能器压力低于 18.5MPa 时用手动模式打压或使用气动泵增压，保持储能器压力在 18.5~21MPa	巡检俯听电动泵运转声音是否存在异常，若有异常及时报修
2	电动泵手、自动均不能打压	（1）使用备用电动泵； （2）无备用电动泵的，使用气动泵打压，保持储能器压力在 18.5~21MPa	巡检检查各部件要在工作位，有条件时检查内部电路
3	储能器钢瓶漏油	（1）工况允许远程台泄压的，泄压后关闭漏油钢瓶下部截止阀，远程台重新打压； （2）工况不允许远程台泄压的，直接关闭钢瓶下部截止阀	利用工况允许，测试储能器打压速度，发现渗漏及时报修
4	液气开关漏油	（1）液气开关油路前端有截止阀的，关闭截止阀； （2）无截止阀工况允许远程台泄压的，泄压后将液气开关油管线拆掉，在供油口堵上堵头	
5	系统升压缓慢或泵长期不停	（1）补充氮气压力或更换控制系统； （2）补充液压油至规定液面高度； （3）检修滤网、紧固吸入口连接或排尽空气； （4）检修调试或更换压力控制器； （5）检修调试或更换溢流阀	利用工况允许，测试储能器打压速度，各环节开展排查
6	系统压力不稳	（1）检查泄压阀是否关闭，如未关闭则关闭； （2）检查三位四通换向阀是否内漏，如内漏则将三位四通换向阀处于中位； （3）检查调压阀是否内漏，如内漏及时报修； （4）检查溢流阀是否内漏，如内漏及时报修	
7	液压油漏失	（1）重新紧固管排架及高压耐火软管连接； （2）更换活接头密封圈	
8	电控液型环形压力表显示不准确	操作电控箱上环形压力"升""降"按钮进行调节	
9	三缸柱塞泵缸套温度过高	柱塞密封圈压帽过紧，调松至漏油 3~5 滴/min	巡检过程通过手摸测试电动泵表面温度，若存在异常高温及时报修
10	三缸柱塞泵滴油过快	紧固柱塞密封圈压帽	定期拆检柱塞泵盖子，检查滴油速度
11	电动泵工作噪声、震动异常	（1）检查、紧固吸入口连接，并排尽空气； （2）检查排油单流阀是否卡死或更换单流阀	

3. 司控台故障典型案例

司控台故障典型案例见表 6-10。

表 6-10 司控台故障及处置方法

序号	故障	处置方法
1	2021年11月30日，跃满25-H4井，井队巡检时发现在司控台上操作时，远程台对应的三位四通换向阀不动作	在远程台操作，更换气管束

4. 司控台故障处置

司控台故障处置及预防措施见表6-11。

表 6-11 司控台故障处置方法及预防措施

序号	故障现象	处置方法	预防措施
1	压力表不显示或显示不准	（1）更换压力表； （2）检修调整或更换传感器； （3）重新连接或更换气管束； （4）及时对管路进行吹扫、排水和保温	
2	防喷器开关位置显示器不动作或不灵活	（1）清洗保养开关显示器、气缸； （2）调整油雾器混油量或加油	
3	司钻台操作时，远程台反应太慢	（1）维修或更换气管束； （2）排堵或更换气管束； （3）调整气源压力之标准值； （4）检查排除换向阀气缸阻卡因素	（1）冬季做好冬防保温； （2）定期排查气管束
4	司钻台环形调压时，调节压力不动作	（1）将环形调压气旋塞指向司钻台； （2）检修或更换空气调压阀； （3）及时排水并做好保温措施	
5	司钻台压力表不断变化	（1）检修或更换调压阀； （2）紧固油路接头，或维修更换响应阀件； （3）检修油路	

5. 防提断装置故障典型案例

防提断装置故障典型案例见表6-12。

表 6-12 防提断装置故障及处置方法

序号	故障	处置方法
1	2021年3月9日，跃满25-H2井，井队做防喷演习后发现开井后游车提不动	更换主控盒液控气阀
2	2021年10月21日，克深10-6井，井队做防喷演习后发现按钮盒按钮不能复位	将按钮拔起，更换按钮盒

6. 防提断装置故障处置

防提断装置故障处置方法及预防措施见表6-13。

表 6-13　防提断装置故障处置方法及预防措施

序号	故障现象	处置方法	预防措施
1	管线、阀件冻堵	管线、阀件加热解冻	（1）压缩空气保持干燥； （2）冬季作业时，气源管线、主控盒按钮盒缠绕电热带保温
2	开井后防提断装置不断气	泄掉气源压力、油压，打开主控盒盖，拆掉液控气阀上端堵头，将阀芯敲击复位	
3	按钮盒按钮按下后不复位	在按钮阀杆处涂抹干净的机油，反复按压活动	每月对按钮阀杆处涂抹机油润滑
4	防提断装置失效	（1）检查梭阀连接是否正确； （2）清洁所有快速接头内、外螺纹，其余备用快速接头做好防沙处理	加强巡检，发现有脱落的及时连接

7. 气源分配罐故障处置

气源分配罐故障处置及预防措施见表 6-14。

表 6-14　气源分配罐故障处置方法及预防措施

序号	故障现象	处置方法	预防措施
1	上部气源分配接头冻堵	接头保温	（1）压缩空气保持干燥； （2）冬季作业时，气源分配罐下部安装电磁排水阀，气源分配罐及上部分配接头全部缠绕电热带保温

四、节流控制箱典型故障现象、处置及预防措施

1. 节流控制箱故障典型案例

节流控制箱故障典型案例见表 6-15。

表 6-15　节流控制箱故障及处置方法

序号	故障	处置方法
1	2021年11月7日，克深8井，井队巡检时发现有泵压时节控箱立压显示零。	停泵，立压传感器座加油
2	2021年1月21日，博孜105井，井队巡检时发现电动泵运转，但压力不足	更换泄压阀

2. 节流控制箱故障处置

节流控制箱故障处置及预防措施见表 6-16。

第六章　井控装备安装检查及故障处置

表 6-16　节流控制箱故障处置方法及预防措施

序号	故障现象	处置方法	预防措施
1	有压力时立、套压显示零	（1）检查紧固传感器信号线； （2）立压传感器座加油； （3）液压仪表法兰加油	（1）避免信号线等绷拉受力； （2）定时检查液压仪表法兰、立压传感器座油量
2	电动泵运转但压力不足	（1）检查关闭泄压阀； （2）检查油箱油量； （3）检查电动机运转方向	
3	电泵发热或压力起升缓慢	（1）检查或紧固进油管路，并排尽空气； （2）补充液压油	定时检查油箱油量

五、内防喷工具典型故障现象、处置及预防措施

1. 浮阀故障处置

浮阀故障处置及预防措施见表 6-17。

表 6-17　浮阀故障处置方法及预防措施

序号	故障现象	处置方法	预防措施
1	阀芯上顶	（1）起出检查更换阀芯； （2）阀芯上部加外径大于接头内径的垫片	安装阀芯前检查确认上部接头内径应小于阀芯外径
2	阀板复位弹簧断裂	更换弹簧或阀芯	装入前检查弹簧完好无变形或有裂纹
3	阀芯变形	（1）更换阀芯； （2）在双台肩公螺纹处加同规格常规方保接头； （3）取出浮阀内加长垫环1个	（1）双台肩公螺纹与普通浮阀母螺纹不能直接连接； （2）在原浮阀腔体内取出加长垫环； （3）浮阀加工成母螺纹带应力结构的
4	阀芯取不出来	（1）在井内使用的浮阀出井口拆卸下来后立即将阀芯倒出； （2）对浮阀腔体、阀芯进行清洗； （3）更换浮阀	及时清洗防止钻井液干燥或冻住后阀芯卡死

2. 箭形止回阀故障处置

箭形止回阀故障处置及预防措施见表 6-18。

表 6-18　箭形止回阀故障处置方法及预防措施

序号	故障现象	处置方法	预防措施
1	试压时阀芯渗漏	拆下阀芯，检查清洗阀芯及阀座密封面或更换阀芯	每次使用完毕拆下后及时清洗、检查、保养

3. 旋塞阀故障处置

旋塞阀故障处置及预防措施见表 6-13。

171

表 6-19　旋塞阀故障处置方法及预防措施

序号	故障现象	处置方法	预防措施
1	试压时旋钮处渗漏	更换备用旋塞	(1) 紧扣时旋钮部位严禁夹持； (2) 每次使用完毕拆下后及时清洗、检查、保养
2	单边承压后无法打开	(1) 利用平衡压 + 恒定力矩方法打开； (2) 将旋塞扳手插入旋钮内并施加恒定扭矩； (3) 以 0.5MPa 为一个阶梯升压，并在每一个阶梯上稳定 15s 以上	注意抢关旋塞的日常保养维护

六、点火装置、放喷管线、分离器燃烧筒典型故障现象、处置及预防措施

1. 点火装置故障典型案例

点火装置故障典型案例见表 6-20。

表 6-20　点火装置故障及处置方法

序号	故障	处置方法
1	2021 年 1 月 8 日，博孜 1202 井，井队巡检时发现放喷管线点火装置无法点燃	更换打火电缆线
2	2021 年 11 月 7 日，哈 13-6CH 井，井队巡检时发现放喷管线点火装置喷油、打火均正常，但无法点燃	将 0# 柴油更换为 -35# 柴油

2. 点火装置故障处置

点火装置故障处置及预防措施见表 6-21。

表 6-21　点火装置故障处置方法及预防措施

序号	故障现象	处置方法	预防措施
1	只喷油不打火	(1) 切换高压包； (2) 检查紧固打火线、打火弯头、打火头接头	进入目的层每班点火 1 次，发现问题及时报修
2	冬季时，又喷油又打火但无法点燃	(1) 使用 -35# 柴油； (2) 延长点火时间	(1) 打开吹扫开关； (2) 打开加热开关
3	冬季控制柜内无气	供气管线保温	(1) 压缩空气保持干燥； (2) 冬季作业时，供气管线缠绕电热带保温
4	点火装置故障灯亮	(1) 检查保险管是否完好； (2) 万用表测量输出电压，排查输出端连接线路是否存在短路情况	井场断电前需先关闭点火装置电源
5	加热带不工作	测量加热电源输出是否正常（AC24V）	保持连接处干净清洁

3. 放喷管线故障处置

放喷管线故障处置及预防措施见表 6-22。

表 6-22 放喷管线故障处置方法及预防措施

序号	故障现象	处置方法	预防措施
1	放喷管线堵塞	拆卸后清理或更换	(1) 安装前做好检查； (2) 低洼处安装排污阀； (3) 使用后及时排污
2	连接法兰密封失效	(1) 清洁检查密封垫环槽，发现垫环槽损坏立即汇报； (2) 连接螺栓对角紧固	(1) 拆卸后对放喷管线垫环槽包裹塑料薄膜进行保护； (2) 对于重复使用的钢圈进行统一归纳摆放，避免钢圈密封面撞击损坏； (3) 连接螺栓对角紧固，试压完成后及时做好防护，每月检查螺栓是否松动

4. 分离器燃烧筒故障处置

分离器燃烧筒故障处置方法及预防措施见表 6-23。

表 6-23 分离器燃烧筒故障处置方法及预防措施

序号	故障现象	处置方法	预防措施
1	分离器燃烧筒堵塞	清理堵塞物	(1) 安装前做好检查； (2) 安装排污阀； (3) 使用后及时排污
2	出口喷出钻井液	清理钻井液出口堵塞物	(1) 安装前做好检查； (2) 安装后按照井控实施细则要求进行循环检查畅通性； (3) 使用后及时排污

参 考 文 献

[1] 张东鹏,裴学良.国内井控新技术和新设备及其研究方向[J].中国新技术新产品,2008,(8):97-99.
[2] 杨向同,彭建新,贾海,等.缝洞型含硫碳酸盐岩试油井控技术研究[J].油气井测试,2022,(4):53-55.
[3] 孙孝真.实用井控手册——现场井控装置隐患辨识及对策(图文本)[M].北京:石油工业出版社,2013.
[4] 杨学文.油气田企业管理[M].北京:石油工业出版社,2023.